JN256873

世界でトヨタを売ってきた。

岡部聰
トヨタ自動車株式会社
元専務取締役（新興国担当）

開拓社

「チベットへ行きたい」と
強く願った青年が
トヨタ自動車の海外事業に職を得て
「道を創る仕事（パイオニアワーク）」に邁進した
魂の40年、その記録。

切り拓いた海外事業展開の足跡

出張・赴任した国々

エリアごとに国名の五十音順

◉アジア大陸

■アジア地域

インド
インドネシア
韓国
カンボジア
北朝鮮
シンガポール
スリランカ
タイ
台湾
中国
ネパール
パキスタン
バングラデシュ
フィリピン
ブータン
ブルネイ
ベトナム
香港（中国）
マカオ（中国）
マレーシア
ミャンマー
モルディブ
モンゴル
ラオス

■中東地域

アラブ首長国連邦
［アブダビ／
シャルジャ／ドバイ］
イエメン
イスラエル
イラン
オマーン
カタール
クウェート
サウジアラビア
シリア
バーレーン
パレスチナ自治政府
ヨルダン
レバノン

◉アフリカ大陸

エジプト
ケニア
タンザニア
南アフリカ
モロッコ

◉ヨーロッパ大陸

アイルランド
イギリス
イタリア
オーストリア
オランダ
スイス
スペイン
ドイツ
トルコ
バチカン
フランス
ベルギー
モナコ
ロシア

◉北アメリカ大陸

アメリカ
カナダ

◉南アメリカ大陸

アルゼンチン
ウルグアイ
コロンビア
チリ
パラグアイ
ブラジル
ベネズエラ
ペルー
ボリビア

◉オセアニア

オーストラリア
サモア
タヒチ
トンガ
ナウル
ニュージーランド
パプアニューギニア
フィジー

※国名の表記は外務省ホームページ参照（2016年6月現在）

著者が新興国を中心とした国々で

担当エリアの変遷

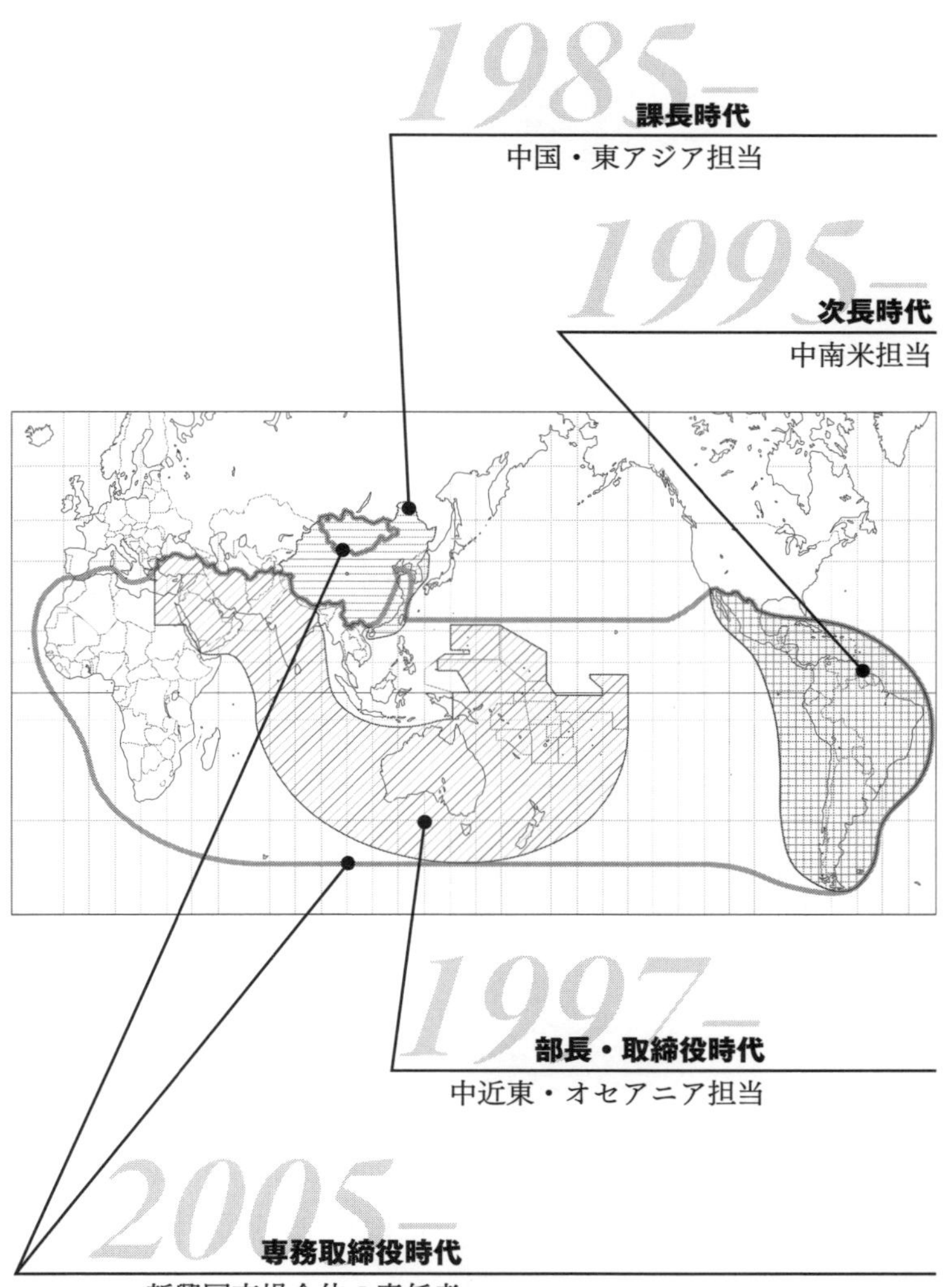

世界でトヨタを売ってきた。 目次

第3章 新興国ビジネスの成否は現地パートナーで決まる！

第4章 新興国ビジネスの現場から学んだ12のポイント

プロローグ

燎原（りょうげん）に火を放て

それは、私がマレーシアにあるトヨタ自動車の合弁会社に駐在していた1990年のことである。当時マレーシアではトヨタ車を年間2万台程度生産、販売していた。現地の国策会社が過半数の資本を占めるその合弁会社に幹部として赴任した1年後、あり得ない事件が起こった。現地パートナーの代表である合弁会社の会長が、何者かにより家族の目の前で惨殺されたのだ。その犯人や真相はいまだ不明だが、当日の朝までふだん通りの生活を営んでいた会長が一瞬にして帰らぬ人となったことは、言葉にならないほどの衝撃だった。

その後、会長職の空席を埋めたのは、マハティール首相（当時）の承認で就任した男だったが、この後任会長がクセ者で、仕事の中身が分からないまま権力を振りかざすとんでもない人物だった。

彼の就任後、3カ月も経たないうちに主要幹部が一人、二人と退職してゆき、現地人の社長さえも会社を辞めたいと私に言ってきた。このままでは、トヨタのマレーシア進出は崩壊してしまう――。私は同じくトヨタから派遣されている上司と相談し、現地スタッフたちの困惑した気持ちを汲み取り、彼らの代わりとなって新会長を辞任させるべく行動を起こした。

現地合弁会社において少数株主のトヨタ駐在員が、現地政府承認のトップに闘いを挑むことは、現場では生死を賭けるほどの大事である。サラリーマンである私は、事を起こす前に日本に戻り、上司だった当時の担当役員、横井明さんに事情を説明した。事態の全容を理解した横井さんはこう言った。

「岡部、お前が現地社員の不満を受け止めて、それを〝義〟としてパートナーの会長と闘っても、お前や社員の気持ちは外部の人間には理解されないぞ。日本の本社から見れば、『あの血の気の多い岡部がパートナーと問題を起こしたらしい。まったく困ったものだ』程度で勝負にはならんぞ。昔、中国では数に勝る敵と戦争をするときは、燎原に火を放ち、敵に大軍が来ているように見せかけて奇襲作戦をした。お前の場合、その燎原は野原ではなく世論だ。この問題を単に現地合弁会社内の部下たちの問題とするのではなく、外国投資家の観点からその代表として、現地パートナーの会長がいかにひどい人物か、こんなことではマレーシアに投資する外国資本家はいなくなるということをマスコミ、政府関係者、皆に訴えて理解を求めて世論をつくれ。それから闘え。戦争をするからには子供のケンカではない。絶対に負けてはならない。**そのための土台、世論をつくって燎原に火を放て**」

私はその言葉を聞いて涙が出た。アドバイスいただいた戦略手法に対して目からウロコが落ちた思いもあったが、それ以上に横井さんが現地で揉め事を起こす私を非難することなく、みずからを当事者であるかのように、私と一緒になって問題解決のための戦略を真剣に考えてくれたからだった。

マレーシアに戻った私は横井さんのアドバイスを忠実に実行し、3年かかってくだんの会長を辞任に追い込むことができた。

横井さんのマネジメントスタイルは、部下を信じて任せるというものだった。驚くことにこれは私の母校・東京工業大学の川喜田二郎先生が常々言っていたことでもあった。

「人は信じて任されると、今まで実績もなかった潜在能力が引き出され、それが成果につながるだけでなく、仕事への情熱と満足感が湧き起こる。リスクもあるが人材育成の大切な考え方だ。そして、万が一問題が起きたときこそ上司が活躍するときだ」

新興国ビジネスは、一寸先が分からない。どんな瞬間も人間力が試されるとも言える。そういった厳しい現場で私がなんとかやってこられたのは、平社員時代から公私にわたってご指導いただいた横井明さんと、大学時代の恩師・川喜田二郎先生との出会いがあったからだ。

思えばお二人は共通点が多かった。明るく楽観的な性格であるとともに、人や社会に対する愛情とコンセンサスづくりが発想の根底にあった。また、お二人の仕事ぶりにはいつも不屈の信念が流れていた。

本書ではこの二人の恩師の思想をベースに、私が新興国を中心とした海外展開ビジネスから何を学んできたか、〝道を創る仕事(パイオニアワーク)〟の軌跡を伝えたい。

私はトヨタに所属する企業人として、諸外国でさまざまな壁にぶつかりながらビジネスに挑んできた。企業人であれ、個人であれ、また、先進国であれ、新興国であれ、自分で道を切り拓きたいと願う人にとって、私の実体験はなんらかの参考になるものと思う。それは問題解決の実践による考え方、ノウハウの蓄積となっているからだ。今、それらを本としてまとめ上げることが私の恩師への感謝を込めた恩返しであり、次世代へその思想を引き継ぐ私の責務と思っている。

第1章

私をパイオニアワークに駆り立てた〝野外科学〟とは?

多摩の自然に育まれた子供時代

私は、多摩川の中流域にある自然豊かな日野市に生まれ育った。祖父と両親は相模川上流の相模湖の湖底に沈んだ勝瀬村から、戦時下の国策によって強制的に日野に移り住むことになった。当時、村で指導者的な立場であった祖父は村人が散り散りになるのは良くない、集団で新天地をつくろうと村人を説得し、その一団が日野市に移住してきたと聞いている。しかも皆の故郷を将来にわたり忘れることがないようにと、農業しか経験のない祖父は60歳を超えて、わずかながらの村人の資金を集め相模湖に観光ボート会社を設立した。当時はアメリカの駐留軍のレジャー場所としてにぎわったことが子供の頃の記憶として残っている。

また、戦後の経済成長により、電力、水源の増強が国策として求められる中、相模湖の機能を強化するため、水位を上げる方針が行政から通達された。これは、付近の山林を所有している地元村民に大きな影響を与えることになる。私の祖父は地元民の意見を集約して神奈川県庁に陳情に行った。当時すでに男性が仕事で着物を着ることがないご時勢に、紋付袴(はかま)姿で。県庁の役人はそのいで立ちにビックリし、陳情が通ったそうだ。

祖父は、典型的な明治気質の人だった。筋の通らないことは一切妥協することなく、国のため、社会のために頑固なまでに信念を通すことを美徳とし、その通りの生涯を全うした。「国の政策はおかしい。自分たちの意見を少しも聞いてくれない。お前は一生懸命勉強して、建設大臣になって皆の意見を聞いてやれる人間になれ」と、幼い私を自分の膝の上に乗せて言っていた。

父は、早稲田大学の建築科を卒業して、いくつかの会社の建築部門の仕事をしていた。私が幼い頃は外で宴会をする場もなく、20人、30人程度の宴会を新年会、忘年会など事あるごとに自宅で行っていた。父は友人と楽しく過ごす時間を大切にし、また人の悪口を言わないことから多くの友人がいた。母にしてみれば大変な苦労だったと思うが、そんなことにはおかまいなく明るく楽しくふるまい、皆と一緒にお酒を飲んだり、家族揃ってトランプや麻雀をするときなどは本当に幸せな表情をしていた。

登山漬けの高校時代。南アルプスにて

そんな祖父と父を陰で支えながら、５人の子供をしっかり育て上げた母には適切な言葉が見つからない。今は介護施設に入り、頭が年相応にボケてきているのに、私を見ると「ご飯食べたかい？」と言う。母親としての責任感が自ずと出てくるようだ。

そんな家族の中、自然とともに成長することができて私は大変幸せだった。近くを流れる多摩川で遊ぶうちに魚獲りでは大人に引けをとらない腕前となり、植物、昆虫採集では周辺の野山のどこに何がいるのかほとんど分かっていた。父の休日には家族揃って奥多摩へハイキングに出かけた。中学１年のときは学校の先生とともに八ヶ岳を縦走し、山の魅力に取りつかれてしまった。高校、大学時代には山岳部に入り、登山一本の青春時代を過ごした。今では多摩川の自然は見る影もなく、生まれ育った家も都市計画の一環で失われたが、子供時代から多摩の自然と触れ合った体験はいまだに私のもっとも大切なものとして意識の根底にあり、私の感性の母のような存在だ。

大学は幸いにも東京工業大学に入学できた。父の影響で建築家になることが自分の進む道と考えていたが、2年次からの専攻のとき、社会工学という新しい学科が設立されることを知る。当時の日本は高度成長が進む中で各分野の専門性がより高度化する一方、細分化されすぎて物事を横断的、包括的に捉えることが困難になっていた。そんな時代を背景に、個々の分野を横串で束ねる問題解決型の学問をつくりだそうという大構想が、社会工学科の設立の趣旨だった。

この社会工学科のカリキュラムは建築、土木、統計理論から経済・社会学までも盛り込んだ幅広いものであった。私は2年次から社会工学科に進路を決め、経済学の教授の研究室に所属することとなったが、決して真面目な学生ではなかった。祖父・父から身についた外向的な性格と登山への憧れが、カリキュラムに基づく通常の授業への大きな障害となっていた。教室で講義を単に受けるのではなく、具体的な問題解決を手掛けたかった。

そんなとき、教養学部教授の川喜田先生の存在を知った。1967年のことであり、当時、先生は『チベット二郎』というニックネームが付けられていた。ヒマラヤの王国ネパールは知られざる秘境と言われていたが、数度の学術調査で先生はネパールを登山家だけでなく、世の中に紹介した。特にハゲタカにより死者を弔うチベットの伝統的風習「鳥葬」を紹介した本はベストセラーになった。

川喜田二郎先生との出会い

「あの学生は何者なんだ?」。川喜田研究室にあるネパール関係の書籍を毎日のように読みに行っていた私のことを、先生が助手の高山氏に尋ねた。「山岳部の1年生で、ヒマラヤに行きたいと言うので本を読ませて勉強させているのです」。すると、川喜田先生は、私が想像もしていなかった言葉を発した。

「それはよいぞ。次回のネパール探険調査の準備にスタッフが必要なのだが、君が事務局としてやってくれないか?」

私は心が躍った。ヒマラヤ行きの可能性が目の前に現れた。事務局としてどんなことをすればよいのかなどまったく気にせずに、川喜田先生の申し出を二つ返事でお引き受けした。

以来、昼間は川喜田研究室で、夜は先生の自宅で、まさに書生としてマンツーマンによる教えを受けた。それは決して堅苦しいものではなく、多くの場合お酒を飲みながら、時にはロシア民謡を歌いながら行われた。しかも先生からの一方的な話ではなく、私と議論をしながら問題を掘り下げていくスタイルだった。

1960年代後半の日本は高度成長の真っ只中にいた。人々の所得は倍増し、社会インフラも整備され、先進国の仲間入りをしつつあるときだった。日本中が生活レベルの向上を謳歌している中で、川喜田先生はまだ目に見えない社会問題に警鐘を鳴らしていた。後年に問題となる、環境・公害、地方の過疎、コミュニティーの崩壊などである。今から対策をしないと間に合わない、待ったなしの切羽詰まった状況になると真剣に訴えていた。それは急速に成長する当時にあって、日の当たらない、見過ごされていた社会問題である。社会システムや各方面での制度・仕組みが強化される反面、人間本来の創造性が欠如し、生きがいを見失い、管理官僚主義がはびこることへの警鐘でもあった。

そもそも「科学」とは自然科学の原理の探究が主題であり、仮説による理論と、そ

移動大学のキャンパスにて。帽子をかぶっている川喜田先生と著者（右端）

れを実証するための実験を柱として成立している。すなわち「1＋1＝2」という数式の論理を見出したら、それに基づく条件を正確に設定して限りなく「2」に近い結果を出し、仮説が正しいことを実証するのだ。それを川喜田先生は「書斎科学と実験科学」と位置づけていた。

これに対し、世の中で起こっていることは、実験室の中のようにはきちんと整理できない。人間の混沌としたあらゆる現象、森羅万象には、多種多様の要素が複雑に絡み合っている。それをパターン化して特定のカテゴリーに分類してしまうことは上から目線の官僚的発想であり、真の問題を見えなくさせてしまう危険性が高い。

川喜田先生は文化人類学者として数多くのフィールドを歩き、人間社会の多様性に理解を深めていくにつれて、実験室の外、つまり「野外科学」の重要性に気がついた。**現場で何が起こり、何が問題となり、その解決はどうしたらいいのか。それを探究するのが「野外科学」である。**

強い好奇心から問題点を見過ごしにできず、現場の中に入り込んで行動を起こすユニークな学者として知られていた川喜田先生は、常にポジティブに物事に接する、人類愛に満ちたロマンチストでもあった。

1967年に川喜田先生が著した『発想法』(中公新書)に「野外科学」に触れたくだりがある。

「……野外科学の方法を一言でいうと、現場の科学であり、あるいは現場の問題を処理する工学でもある。われわれは実験室のなかで生きているのではない。現場を相手にして毎日生活している。ここに焦点をあわせた方法は、今日痛切に要求されている。ことに現代の生活様式は雪ダルマ式に複雑になり、しかもたえず流動性をおびている。そのなかにさまざまの社会生活のひずみがあり、また夢もある。このような状況のなかでは、現場的対象の処理ができなければ、科学はこれ以上多くの悩みを解決し、あるいは夢を作りだすことはむずかしいのである。その意味でも現場の科学は重要である」

高度な、あるいは特別なテーマを対象としたハイテク研究室での活動でなく、我々の平時の社会、あるがままの現場を対象に調査・分析し、問題解決に取り組もうというのだ。野外科学は川喜田先生が提唱してからはや50年が経つが、複雑化する現代社会において、少しも古びないどころか、ますます重要性が増す概念ではないだろうか。

しかしながら野外科学は、今日一般的には定着していない。現代社会はこの野外科学的アプローチの欠如により、各方面で多くの問題が起こっている。たとえば国内でのダムや原子力発電所の建設は、賛成派・反対派の軋轢（あつれき）が強まってきている。海外への大型ODA（政府開発援助）も同様の問題を抱えている。現地政府からの要望によるインフラ整備援助であっても、それが必ずしも現地住民の真のニーズによるものとは限らない。そのため各国でODAが問題となっていて、日本政府もその活動に消極的にならざるを得ない。これらの主な原因は、地元住民の意見の集約やニーズに合った対応策がなされず、問題点や対策に対する理解の共有化も不十分なことだと思われる。

川喜田先生は、こういった問題はとりもなおさず、野外科学の考え方とその方法論が欠如していることに尽きると強調していた。しかもこの指摘は、大規模事業や海外援助のみならず、地域コミュニティーや会社組織の諸問題にも当てはまるという。すなわち、野外科学は、人間社会のあらゆる活動を対象に、ニーズの発掘、問題点の把握、状況把握と対応策の合意形成など、問題解決をはかるための一連の方法論なのである。

この「野外科学」への考え方が、私が新興国ビジネスに取り組むときの背骨になった。

野外科学の実践では、事実に対する謙虚な姿勢で、データ（情報や意見）をもって語らしめる。たくさんのデータの中に他と異なる少数意見（一匹狼）があっても、それがキラリと光る事実を教えてくれる場合があるので無視してはいけない。そうやってさまざまなデータを集め、俯瞰するうちに、異質なものが統合され、新たな発想やエネルギーが生まれてくる。**常にデータの事実を主役として、フィールド調査から分析・企画まで行うことが野外科学のポイントだ。**

往々にして人というものは、高等教育を受け、知識が増えれば増えるほど、物事を自分の頭の中にある価値観で分類、グループ分けしがちである。しかし、世の中はそれほど単純ではない。多様性のある人間社会を分類学の一つの枠組みに押し込んで性格を決めつけてしまうのは、事実と大きくかけ離れる可能性が高く、問題解決の方法としても適切ではない。川喜田先生はそのことについて我々に警鐘を鳴らし続けた。そして、これらの考え方を手法として体系化させたものが、当時、一般社会にも広く普及した「ＫＪ法」だ。ちなみに「ＫＪ法」の名称は「川喜田二郎」のイニシャルを採ったものだ。

問題解決の強力ツール「ＫＪ法」とは？

日本が高度経済成長期に突入した1960年代後半。企業人・社会人向け研修セミナーがブームとなっていた。社団法人日本能率協会や社団法人（現公益財団法人）日本生産性本部などをはじめ多くの人材教育団体が多種多様のセミナーを企画し、盛況を呈していた。その中でも「ＫＪ法研修」は大変な人気であった。

トヨタ自動車での私の奮闘記に入る前に、「ＫＪ法」の概要を簡単に説明しておきたい。混沌とした現場のニーズの把握から関係者間の合意形成に至るまでの問題解決の手法として大変に優れている。ぜひ本書をきっかけに「ＫＪ法」を身につけ、仕事に人生に役立てていただきたい。

「ＫＪ法」は、フィールド（仕事や生活上で生じる現象ならなんでも構わない）から得たデータ（情報）を一つひとつカードにメモ書きすることから始まる。カードの大きさに決まりはない。市販の単語カードが使いやすいだろうか。カードに書き込むデータは、数値など定量的なものでもいいが、定性的な特性を説明するものでもいい。

たとえば、新たにミッションとして与えられた「新商品の開発」に取り組むという課題に「ＫＪ法」を用いる場合、一つひとつのカードには、「新商品へのニーズ」「ターゲットユーザー」「価格設定」「自社のリソース」など、プロジェクトチーム全員が思いつくままにデータを記入する。

その**カードをテーブルに並べていく**のだが、そのときデータに優劣をつける必要はない。カードの並べ方もランダムで構わない。それぞれの立場で自由にデータを出すことが重要だ。

データが出揃ったら、**すべてのデータカードをじっくり読み込み、語らんとしてい**

る内容が似ているカードをグルーピングしてゆく。仮にどのグループにもつながらないカードがあっても、それは独立した一匹狼のグループと考えればよい。グルーピングしたら、**グループごとにその語らんとしていることを一言で表現し、グループの標札とする。**先の例で言えば、「機能や特徴」「競合に対する優位性」などといった具合だ。

この一連のプロセスを通じて、私たちは頭の中で、データが語りかける「発見」や、みずからの「創造性」を自覚するようになる。

次のステップでは、それぞれのグループをみずからの思考力、論理の発想により、関連性に基づいた配置に図解化する。**グループごとに配置されたデータ群を大きな模造紙に貼りつけて、グループ内のデータの関連、グループ間の関連を線でつないでいく。**この作業によって、混沌としていた情報が整理され、フィールドの全体像が鮮やかに浮き彫りになってくる。

このようなプロセスを経る「ＫＪ法」は、現状把握からニーズの発見、そして問題解決に至る野外科学の基本動作だ。しかし堅苦しく考える必要はない。ＫＪ法の手法は精緻にマニュアル化されるものではない。ケース・バイ・ケースであり、フィールドとなる対象により多様なバラエティーが考えられる。ただし、決して忘れてはいけ

KJ法のチャート図

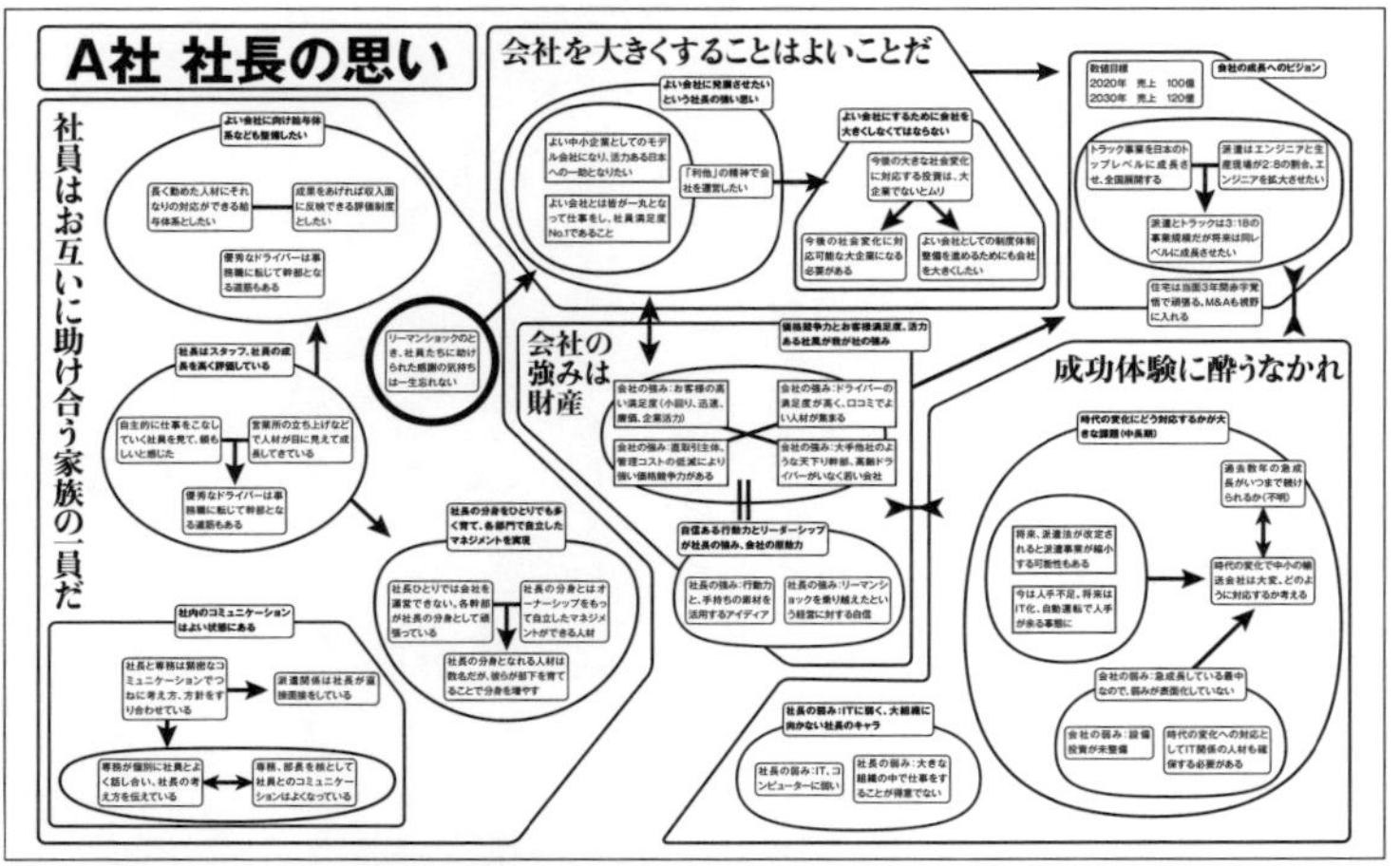

個々の意見が語りかける内容をグループ化、関連づけをして図解化すると、問題点の全体像や新たな論点が見えてくる

ない原則がある。それは「データをもって語らしめる」ということ。どんなデータもその存在を尊重し、無視してはいけない。そして、**既成概念によってデータを分類、定義づけることはしてはならない。**あくまで謙虚にデータに向かう必要があるのだ。

KJ法でまとめ上げられた図解を皆の前で発表すると、メンバー一人ひとりが思っていたことが全体の中で位置づけられ、全体意見との整合性が自ずと理解できるようになる。これは全体のコンセンサスづくりに重要な役割を果たすことになる。さらに面白いことに、データをグループ化する段階でどこにもつなぐことができなかった一匹狼データも、全体像の中ではその存在が確保され、新鮮な輝きをもってくる。

以上「ＫＪ法」の概要を簡単に述べたが、その手法や思想性については川喜田先生の著作をご参照いただきたい。

川喜田先生のカバン持ちとして、私はこのＫＪ法の研修にたびたび同行した。参加者が夜を徹してＫＪ法に取り組んでいる姿を見て驚きを覚えたものだ。当初は何が何だか分からない参加者も教えられるままにＫＪ法に取り組み、一日、二日とグループの意見をデータとして記録し、それをカードに書き出して図解化していく中で、まるで新しい物を発見したかのように活き活きとして課題をまとめ上げていく。教官からの一方通行のレクチャーではなく、受講者それぞれが他者の意見をデータとして読み取り、みずからの考えを発想して理論を構築していった。

私はそれまで川喜田先生からマンツーマンでＫＪ法を学んできたが、他人がＫＪ法に取り組んでいる姿を観察することでより理解が深まった。しかしまだそのときは、このＫＪ法が私の仕事人生に大きな影響を与えるとは思ってもいなかった。

第2章

悪路と難所だらけの新興国を中心とした海外事業展開

「KJ法」のおかげで勘どころがつかめた新人時代

私が、トヨタ自動車に入社したのは1971年。当時、トヨタは生産を担うトヨタ自動車工業株式会社と販売を統括するトヨタ自動車販売株式会社に分かれており、私はトヨタ自動車販売株式会社に入社した。

ここでトヨタ自動車の80年近くの歴史を、その発展段階で大きく四つのステージに分けてみよう。

第一ステージは、1937年の創業以来、日本国内での基盤を築き上げた1960年代まで。

第二ステージは、アメリカ市場への完成車輸出が本格的に始まった1970年代以降、1977年には海外販売が国内販売台数を上回った輸出拡大期。

第三ステージは、1984年のアメリカでの現地生産の開始以降、各地域の主要国で生産を本格化させ、２００７年には海外生産が日本での生産台数を大きく上回った事業グローバル化の時期。

第四ステージは、２０１０年以降、世界のトップ企業として、新技術をリードする事業のサスティナブル化を目指す現在。

この四つのステージごとにトヨタは、人、物、金というリソース（資源）を重点配分してきた。第一ステージでは当然のことながら技術から販売まで国内主体。第二ステージでは海外要員の育成、拡充。第三ステージでは現地リソースの最大活用。第四ステージの現在では全事業活動分野で社会や環境との調和が一層重要性を増している。

私がトヨタで海外ビジネスに明け暮れた歳月は、第二ステージから第三ステージにあたり、トヨタが海外に販路を広げ、さらにグローバル企業として事業を大きく飛躍させた時代だった。

東京工業大学を卒業して、専攻とは分野がまったく違う「販売会社」に入社を決めたとき、仲間からは「何を考えているんだ」と言われた。「中国に行きたいからだ」。それが私の返事だった。第5章で詳述するが、学生時代に野外科学の実践のため、ネパール・ヒマラヤに長期滞在してボランティア活動に身を投じた私は、世界一の雄大な高原チベットへの憧れを強くもっていた。当時トヨタ自動車の海外事業はトヨタ自動車販売が主体となって行われていた。

中国と日本が国交回復する前の1971年9月、トヨタグループは単独訪中団を派遣した。そんな経緯から企画調査部に配属された私は「2000年の中国研究」を担当することとなった。つまり、2000年時点の中国がトヨタにとって有望な市場になりうるかどうかを予測せよということだ。これが、私が仕事で「KJ法」を本格的に活用した最初の経験となった。

当時、中国の情報は人民日報と特定の商社筋の体験情報に限られていた。新入社員の私は、その実態が皆目分からない巨大な潜在市場である中国を研究するという課題の前に、途方に暮れるしかなかった。

社会人として実務経験がない私は、何をどのように進めたらよいのかまったく分からない。先輩や外部専門家とプロジェクトチームを組み議論を繰り返すことで切り売りの知識は増えるものの、それをどのように仕事として仕上げるのか想像もつかない。そのとき思いついたのが、基本に戻れということだった。すなわち、私の得意とする

ＫＪ法の活用だ。**専門家の情報をデータとしてカードに書き込み、膨大な数のカードを図解にまとめ上げた。**その図解をもとに、中国について素人の私が各方面の専門家を相手に議論を重ねていった。その専門家とは中国関係のジャーナリストや大学教授、軍事・政府関係者等だった。

——中国の経済はどのレベルにまで来ていますか？

「食料・エネルギーなど国を治める最低限の経済力はすでに確立している」

——軍事力は？　大陸間弾道ミサイルはいつ頃完成予定ですか？

「1978年を目標としている。その後は対外的戦略を強硬な姿勢に転じるだろう」

「ミサイル完成までに技術力や政治体制を固め、国力を集中するためには、ソ連(現ロシア)、アメリカという両大国と敵対し続けることは大変に困難なことだ」

——政治的な国際関係の観点から、隣のソ連、遠いアメリカ、それぞれの対応に違いが出てきますか？

「近親憎悪という言葉があるように、隣国ソ連とのこじれた関係の修復は難しい。周辺の社会主義国との覇権争いも絡んでくる」

――そうすると対ソ連との緊張状態はこのまま続け、アメリカと敵対関係を解消して手を組む可能性もありますね。そうなれば、軍備の縮小や西側からの技術導入、経済発展にもなるのでは？

「それはおもしろいシナリオだ。その方向で研究成果をまとめよう」

そんな内容で試論が固まり、私は報告書の作成に取りかかった。中国の政治戦略から経済活動、工業化のステップ、交通インフラの整備、内陸西部の開拓、等々だ。この報告書をプロジェクトチームの専門家は、私のイニシャルをとって「Oモデル」と名づけてくれた。

その直後、世界を驚かせる大ニュースが入ってきた。1972年、アメリカの大統領補佐官・キッシンジャーのアレンジによるニクソン大統領の訪中だ。それまでまったく交流がなかった両国が、この米中のトップ会談をきっかけに国交回復し、中国の国連加盟へと発展し、日中国交回復にもつながることとなった。この一連の出来事は「Oモデル」のシナリオ通りの筋書きだった。私たちプロジェクトチームが研究の打ち上げ会で、中華料理を大満足な思いで食べたのは言うまでもない。いま思えば、誠に幸せな仕事人生の第一歩だった。

アジア、インド、中近東など、新興国を中心に70カ国以上を飛び回った

企画調査部時代の1982年にトヨタ自動車販売とトヨタ自動車工業が合併した。このことは当時のトヨタ自動車販売の社員にとっては大変なショックで、退社した人もいたほどだった。

同じトヨタ自動車でも生産と販売という機能の違いにより、企業文化は大きく異なっていた。生産と販売は事業活動の両輪としてお互いに尊重すべきものだが、実務レベルでは両者の連帯は必ずしもしっくりとはしていなかった。特に、トヨタ自動車工業は企業規模も大きいことから、トヨタ自動車販売の多くの社員は、自分たちの会社が吸収合併により消滅してしまうとの危機感を強く抱いていた。

当然私もこの先どうなることかと大きな不安を覚えていた。そんなとき、企画調査

部に長く在籍していた私に、新設の海外調査課係長という辞令が舞い込んできた。海外市場の調査を本格的に展開するための組織であり、課長ポストは空席のまま。したがって私が実質的な課長として采配がふるえる大きなチャンスだった。合併の不安はこれで頭の中から消えていった。

以下、私のキャリアの変遷を簡単に紹介したい。

85年（37歳）に私はアジア部中国東アジア担当課長を命ぜられた。その後4年間、中国市場の将来を見据えた生産・販売体制整備について中国専門家の同僚たちと取り組んだ。商社と連携した販売拠点の全国展開、現地生産の布石としての部品の単純組立事業、賠償金目当ての品質クレームへの対応、日本式の近代的自動車学校の設立等々、多様な課題に手探りで取り組んだ。それは後年トヨタが中国に本格進出する前のパイオニアワークの連続だった。

86年には北朝鮮にも出張した。当時、ソウルオリンピックに北朝鮮が共同開催を要求していた。北朝鮮では車が不足していたので、海外からの観客のみならず選手団の移動さえも困難なはずだ。これは売り込みのチャンス！　北朝鮮関係の友好商社のアレンジで1週間ほど現地に滞在し、面白くも貴重な体験をすることができた。仕事的には大きな成果はなかったが、極めて稀な一般人の北朝鮮訪問だったため帰国後政府関係筋からもヒアリングを受けた。

89年（41歳）から6年間は、マレーシアに駐在となった。上司の横井さんは4年半中国を担当した私の次のキャリアとして、英語圏で、現地パートナーが若く、生産から販売までを一貫して行っている海外事業体を探してくれていた。それがマレーシアだったのだ。

マレーシアのトヨタの販売代理店UMWトヨタは現地国策会社が過半数の資本をもち、トヨタ自動車と豊田通商が少数株主の合併会社だ。生産から販売まで全機能をもち合わせ、しかも、販売形態は別会社のディーラーへの卸売りではなく、全国の支店での直接小売り。支店ショールームのセールスマンもUMWトヨタの直接の社員だ。また、トヨタ本社から派遣されている日本人は、当時たったの3人。したがって実務面の多くは現地人スタッフが対応し、彼らの能力向上にもつながっていた。その分、日本人は部品生産から組立、小売り、アフターサービス、また経理、人事等まで少数精鋭で広範囲のマネジメントを体験することができた。

マレーシア駐在期間には自動車事業の実務以外にも実に多くの経験をさせてもらっ

た。プロローグで述べたパートナーとの闘いのみならず、王族との親交、大自然との触れ合いなど、多民族、異文化が混在する国でのチームワーク、リーダーシップ、ネゴシエーションなどの体験はその後、トヨタの海外担当役員として事業を展開する際の大きな支えとなった。

95年（47歳）に帰国した私は、中南米地域の担当を命ぜられた。当時の中南米で新たな注目すべき動きがあったからだ。ブラジルとアルゼンチンの大国同士がともにイニシアティブをとったメルコスール経済圏の成立だ。大市場の誕生に対応して、従来細々と事業を続けてきたブラジル事業の拡大とアルゼンチンへの新規投資の事業計画づくりが私の任務となった。両国への大規模新工場の投資と導入商品の決定に1年がかりで取り組んだ。

その後、中近東、オセアニア担当の部長を経て、2001年（53歳）より取締役、2005年（57歳）には専務取締役となり新興国市場全体の責任者として、世界中を飛び回ることになった。月の3分の1は海外。アジア、インド、中近東を中心に70カ国ほどに出張した。それは肉体的には大変ハードなことだった。それに加えストレスも大きかった。取締役会など社内の会議や他部署との調整に十分な時間がとれず、リ

近年のトヨタの販売実績推移

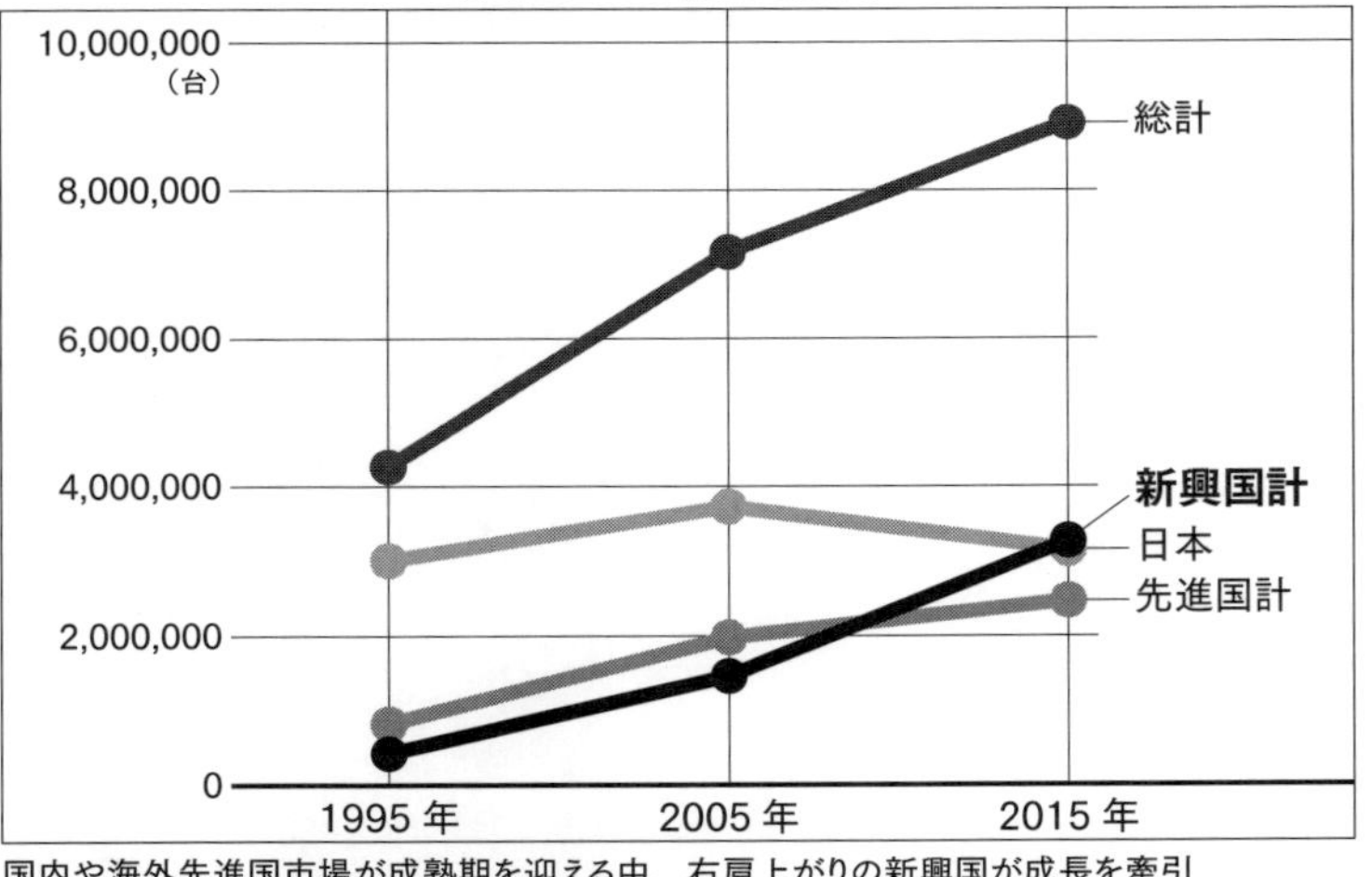

国内や海外先進国市場が成熟期を迎える中、右肩上がりの新興国が成長を牽引

スクを負って決裁しなくてはならないケースも多かった。

そして、2012年に専務取締役を退任。実に40年の長きにわたって、私はトヨタの海外展開、主に新興国展開に携わってきた。

たしかに厳しくも険しい仕事の連続だった。しかし、根っからの行動派で人と話すことが大好きな私にとっては、大変充実した仕事人生でもあった。初めての地域や新しい市場への参入、また、問題を抱えた事業の解決など実に多くの課題に取り組むことができた。それらのことにあたるに際しては、書籍による事前調査はもちろん、専門家や関係する分野の人からあらゆる情報を仕入れた。文献中心の研究家よりも、その地域やテーマを長く経験した商社マンや先輩の実体験が大変参考になった。中でも横井さんの情報、アドバイスは別格だった。歴史、文化的背景への知見、問題点の経緯や人間関係に対する洞察など、実に的確で他では得られないものだった。

情報収集活動では、学生時代に川喜田先生から指導を受けた野外科学的な考え方が大いに役立った。戦略の組み立て、現場での対応にも効力を発揮した。こうして私はパイオニア的な仕事に自信をもって挑戦できるようになっていった。

詳しくは後述するが、**海外で事業を行うにあたっては「現地と利害を共有しうるインサイダー」になることがもっとも重要だと思う。**お陰で新興国を中心に真の友人と言える多くの人脈ができた。これが私の財産だとよく人に言われるが、人脈というのは共通体験を伴わない限り、次世代に引き継ぐのが大変難しい。一方、知識は、ノウハウとして伝承することが可能だ。人脈はみずから現地に飛び込むことでぜひ築いてほしいが、知識は体験の前に吸収できる。本書がその役割を果たすことができれば幸いだ。

多彩なビジネスチャンスにあふれる新興国

日米欧、いわゆる先進諸国は、全体として経済成長が鈍化した成熟市場だ。技術の進展、社会環境の変化により浮き沈みはあるものの、経済活動の規模に例年大きな変化はない。データの整備やコミュニケーション、システムの発達、法制度の充実、官・民・学の各セクターの連携など、ビジネスインフラは整っている。したがって、市場の分析、予測や事業プランを高い精度でまとめ上げることができる。また、文化・価値観に多少の違いがあるにせよ、日米欧相互の理解が進み、同じ土俵で事が運べる。仕事の進め方もマニュアル化しやすい。成熟市場でのビジネス展開には、しっかりとした計画をもとに目標管理と組織的な取り組みが大切だ。その上で利害関係者との〝交渉力〟が重要な鍵を握っている。

これに対し、新興国の事情はまったく異なっている。成熟市場のようなビジネスインフラの整備は期待できない。データや法制度の未整備のみならず、交通、電力事情、ひいては政治・民族問題など、多くの不安定要因を抱えている。仮に必要なデータが入手できたとしても、それが明日への予測に必ずしもつながらない。たびたび変わる法律も然り。このような事情では精緻な事業プランは到底立てられない。

このように新興国は不確定要素が多く、実に混沌としている。ただし確実なことは、人口が増え続け、経済活動の山や谷はあるものの、右肩上がりの成長トレンドにあることだ。もちろん長期にわたる内戦など一部例外的に停滞している国もあるが、総じて経済規模は拡大している。

経済活動の山谷をリスクという概念で捉えるのでなく、成長過程のプロセスと捉えられるかどうかが、新興国ビジネスの成否を分ける。**市場規模が拡大していく中で多様な変化があることは、多彩な新規ビジネスのチャンスに満ちあふれていると言えるのだ。**

先進国の成熟市場との違いでもう一つ強調したいのは〝価値観〟と〝夢〟だ。すでに述べたように、日米欧はかなり均一化されているが、新興国は実に多様な価値観、夢をもっている。**将来に向け成長気運の強い新興国ほど、夢を強く抱いている。**その夢は歴史、文化、環境によりさまざまな姿をしている。それが個々の国の個性となり、伝統的に受け継がれてきた価値観になる。この地域特性を十分理解することは大変重要だ。昨今「グローバル化」という概念が強まっているが、新興国では地域特性を軽視すると本質を見誤るのだ。

次項からは、実際に私が経験した新興国を中心とした海外展開ビジネスの現場を時系列で紹介したい。新興国でビジネスを展開するとはどういうことなのか、その皮膚感覚と国内ビジネスとの差異を感じてほしい。

常識破りのアジアカーが誕生

インドネシア

１９７０年、アメリカの大手自動車メーカーのオーナーが、東南アジア主要国を訪問し、アジアのユーザーのために専用の乗用車をつくると発表した。ハデな報道の後に導入されたその「アジアカー」は、従来の乗用車に比べ安価ではあったものの期待通りには売れなかった。

当時その地域で乗用車を保有していたのは、ごく一部の富裕層に限られていた。彼らの車は贅沢な装備の上級車種であり、タクシー用などの低価格車は輸入中古車に依存していた。中間所得層は自動車を保有することが夢ではあったが、その前に出費しなくてはならないことがたくさんあり、マイカーどころではなかった。逆に購買力のある富裕層にはお粗末な装備で魅力のない車は見向きもされなかった。当然のことながら、現地のニーズにマッチしていないこの新商品は数年で生産が中止された。

時を同じくして、トヨタでもアジアカーを開発しようとプロジェクトが極秘裏に進められ、当時新入社員の私もメンバーとして加わった。

工業化が進展していなかった当時の東南アジアは、稲作農業が経済活動の中心だった。広い水田に田植えをして刈り取るまで大変な労力を必要とする二期作農業。農村部は華僑たちがトラクターを保有していて、地元農民の水田を耕し、田植えの時期に合わせて地域を移動していく。収穫の時期になると再び戻ってきて刈り取りをし、収穫した米を輸送して市場で販売する。華僑は農民から耕し料と刈り取り料を受け取り、さらに利益率が一番良い市場での販売収益を手に入れる。汗水流して働く農民には、稲を世話する手間賃程度が収入となるだけだった。

そんな農民たちは、農耕にも運送にも使えるリヤカーに代わる安価な農業機械を切望しており、マイカーをもちたいなどとは夢にも思っていなかった。

私たちは、**さまざまな現地調査を重ねる中で見えてきたこの農村部の実態を前に議論を重ね、農村部のニーズにマッチした多目的に使用できる車両の開発をアジアカーとして提案した。**まさに野外科学的発想だった。

この提案は無事にトップの承認を得て、車両開発は担当部署に移り、１９７７年、

インドネシアの「国民車」キジャンと同型のフィリピン製タマラオ

モデル名「キジャン」のインドネシアでの生産が始まった。

キジャンは、現地でつくりやすく、かつコストを削減するために、ドアの代わりに鎖、ボディは鉄板を折り曲げただけの、およそトヨタの商品基準には合わないシロモノだった。しかし、当時のインドネシア大統領から「国民車だ」と絶賛され、今では6世代目がベストセラーカーとなってインドネシアの大地を走り回っている。

キジャンは市場ニーズに対応させたユニークな車だったが、開発面でもユニークだった。通常海外で車両を生産する場合は、日本の本社技術部が検討を加えて新型車として日本で「元車」を生産し、出来上がった図面をもとに海外で「コピー車」を生産する。これが当時の海外生産車両の開発の仕組みだったが、このキジャンには「元車」がない。現地で既存の部材、部品を調整しながらつくり上げたからだ。グローバル化が進展した現在では日本に「元車」がない商品も出てきたが、当時としては常識破りの開発だった。

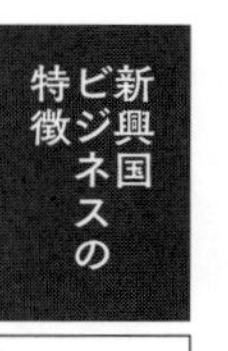

「現地目線でのニーズの把握が成功の秘訣。上から目線は禁物」

ベネズエラ

進出最初の車種決定で勇み足

私が係長になる直前、企画調査部に在籍中で、海外での実務経験がまったくなかったときのことである。中南米市場の担当部署から、「ベネズエラで乗用車の組立許可が取れるよう法律が改正される見通しとなった。そのため導入車種を至急決定する必要があるので調査を依頼したい」と申し出があった。

ベネズエラでは以前より、商用車としてのランドクルーザーを現地で組み立てていたものの、乗用車市場の情報はほとんど手元になかった。通常市場調査には多くのアンケートデータが必要とされる。アンケートは対象者に調査依頼主が誰か分からないようにするため、外部の専門市場調査会社に依頼するのが普通で、調査・分析結果の入手には早くても数カ月はかかった。しかしこのときは、3カ月くらいで事業計画をまとめる必要があり、大至急調査をして結論を出してほしいという担当部署の強い意向があった。そのため当時若輩の私がリーダーとなり、現地に出張して直接調査することになった。

担当部署からはスペイン語が堪能なスタッフ5人が同行してくれた。ベネズエラ国内2500キロを走行し、手づくりの質問項目をもとに都市ごとにユーザー調査を行った。昼間は担当部署のスタッフがユーザーからのデータを収集し、夜は私がそのデータを手集計で分析するという作業が1カ月続いた。そして、極めて明快な結果を得ることができた。

「ベネズエラでは、ランドクルーザーの高品質により、トヨタのブランドイメージは高い」「大型車より小型車を好む」「新車のユーザーは大変な資産家」「坂道が多いため多

街から街へ。アンデスの山間部も移動し、市場調査を行った

変速マニュアルトランスミッションが大人気」等々の調査結果によって、導入すべき商品イメージが固まった。カローラの最上級グレードの車種を、スタート時には小規模な台数で導入し、ユーザーの評価を獲得しながら、低価格車種を追加導入して台数を拡大させる。この考え方を現地代理店の役員会で調査結果とともに報告したところ、「これは将来の事業計画のバイブルだ」と全員から拍手喝采された。

私も同行スタッフもそれまでの苦労が報われて大いに満足し、帰国後すぐさま担当役員に報告した。すると「お前は何も知らんのか。新商品の導入は社にとって最重要事項であり、市場調査だけでなく本社で技術、生産部門などと検討してから決め、その後、現地代理店に伝えるものだ」と言われ、役員から大目玉をくらった。商品決定のプロセスを知らなかった私は、野外科学的アプローチで市場ニーズを把握すればそれでよしと安易に考えていたのだ。

結果的には、現地で提案した内容で事業はスタートし、その後カローラがベネズエラの中核車種になったので大きな問題にはならなかったが、あのとき勇み足をしたせいで事業が失敗していたら、サラリーマンとして万事休すだった。

新興国ビジネスの特徴

「たとえ小さな規模でも重要事項の決定はしっかりとプロセスを踏むこと」

モータリゼーションの先駆けとなる自動車教習所を設立 中国

「将来のモータリゼーションに備え、一般の人々が安全に自動車を運転するための自動車学校を日本のノウハウで設立したい」。これは１９８０年代半ば、豊田英二会長

（当時）が訪中時に提案したことだ。

当事の中国では一般市民が個人で車を運転することはほとんどなかった。職業ドライバーが主体で、運転免許証は軍や国営企業の組織内で取得していた。日本のような一般の市民向けの自動車学校は未整備で実質ないに等しかった。また、道路交通法も各省、地方自治体の独立性が強く、統一されていなかった。したがって自動車学校で使う教本も統一されたものはなかった。このような状況下で、日本のように警察当局の認可を受け、標準化されたカリキュラムと設備をもった自動車学校の整備は、健全な自動車社会の発展に不可欠だった。

この前例のない事業の担当者となった私は、自動車教習分野の専門家でもなく経験もない。当初は何をどのように進めたらよいのか途方に暮れた。ＫＪ法を活用して片付けなくてはならない課題をすべて洗い出し、分野別に整理した。それを現地中国のパートナー（北京最大手のタクシー会社であるトヨタの大口ユーザー）と日本側のパートナー（トヨタ直営の自動車学校）に役割を振り分け、三者間で覚書を結んだ。

現地パートナー側は、土地・建物の提供と関係政府機関との調整、許認可の取得。日本側は教本の作成と教育支援、設備ノウハウと車両の提供。

この役割の中で一番の大仕事は教本の作成だった。北京および周辺の省で使われている個別バラバラの教本を取り寄せ、一つの体系化した教本にまとめ、中国当局に承認してもらうのだ。30冊ほどの現地の教本をすべて日本語に翻訳し、それを自動車学校の専門家がまとめ上げる。現地の道路交通法や現地教本の細部には不明な点が多く、その都度中国に出張して確認するなど大変な労力が要求され、作成に1年を要した。一方、教本とともに日本側から提供した設備デザイン、カリキュラム等のノウハウは、現地パートナーの努力もあってスムーズに認可が下りた。

中国初の公認自動車学校は盛大な開校式で幕を開け、その後、各地で同じコンセプトの自動車学校が普及していった。今日の自動車大国中国のモータリゼーションの基礎固めに、少なからず貢献したと思う。

自動車先進国の日本を参考に、**将来を見据えた社会的ニーズを先取りしたこと、現地主体の形をとることで新規事案の許認可へつなげスムーズな運営を実現させたこと、**この二つが事業成立へのポイントだったと思う。それにしても、目に見えにくいノウハウ面を担当した日本側の苦労は大変なもので、開校にこぎつけたときの満足感と感動は忘れ得ないものになった。

「相手国の発展に対する貢献意識をもつことで多くの協力を得られる」

ASEANを一つの巨大市場へ！

タイ、インドネシア、フィリピン、マレーシア

1970年代初頭、東南アジア市場の担当課長だった横井さんから、企画調査部の若手スタッフだった私は「よく勉強しておけ」と、ある論文を手渡された。それは慶應大学の教授が東南アジアの産業発展についてまとめた論文で、アジア域内の生産分業を提唱したものだった。

当時のASEAN（東南アジア諸国連合）諸国は農業と資源を中心とした第一次産業が経済の主体で、各国政府は工業化や第二次産業の育成・発展を模索していた。しかし各国の市場規模が小さいため、先進国の大手企業が投資してもそれに値する収益

を生むことは極めて困難だった。そこでその論文では、「自動車や家電製品などを各国が分業して生産し、異なった製品を相互に輸出入することができれば、東南アジア地域を一つの大市場として量産効果が期待できる。そのような仕組みをつくるべきだ」という解決策を提示したのである。

しかし、この論文の趣旨をもとに横井さんが各国政府と話し合いを続けても一向にまとまらなかった。各国は皆、トヨタに自動車の心臓部といえるエンジンを自国でつくってほしいという一点張りで、アジア域内全体を見た分業生産まで考えが及ばなかったようだ。

その後、ASEAN諸国で工業化が徐々に発展するにつれて法整備も進み、国産化基準、原産地証明、域内関税、輸出入バランス等々の細目が詰められていった。その間、日系部品メーカーの努力もあり、各国の生産部品品目は拡大し、現地調達率は着実に向上していった。そして1980年代後半、BBC(ブランド・トゥー・ブランド・コンプリメンテーション=企業内分業生産)スキームがASEAN諸国で承認された。

国産化率や輸出入バランスなどの基準を満たす域内産品は、BBCスキームの認定を受ければ、無税で個別企業の域内貿易ができるようになったのだ。

トヨタ自動車の場合、タイとインドネシアで異なったエンジンを生産しており、フィリピンではトランスミッション（変速機）を製造することが決まっていた。しかし、残りの生産拠点マレーシアには目玉となる部品がなかった。そこでステアリングギアを新規につくることを前提に申請書を提出したところ、ＢＢＣスキームの第１号として認可された。当時、私はマレーシアに駐在しており、ＢＢＣスキームに対応するための部品生産に新たに投資することを心より歓迎した。ゼロスタートのステアリング工場立ち上げに向け、当時の上司は土地の手配から工場建設、設備据え付けまで全精力を注ぎ、ＢＢＣスキームがスタートする期限内に生産を開始させることができた。

ＢＢＣスキームはトヨタを第１号認可としてスタートしたが、その後本格的にこのスキームを有効活用した自動車メーカーは他になかった。一つのメーカーが自社用の部品を生産分業できるような投資を各国にバランスよく行っていたのはトヨタだけだったのだ。

余談だが、アメリカのある大手自動車メーカーは合意されたＢＢＣスキームを無視して、タイ政府とフィリピン政府に「東南アジアの生産拠点として大規模投資を１カ国にするので、ＢＢＣと同じ条件を出した国に決める」と圧力をかけたほどだった。

ＡＳＥＡＮ域内での生産分業はこのような経緯で実現されたが、論文が発表された当初は、正論ではあってもまだ「べき論」だった。当時はまだ、域内各国の政府も民間企業もその「べき論」を実行できる実力がなかった。

地域内の経済スキームは、政府だけが決めても民間からのニーズがなければ経済活動が伴わない。また政府のバックアップがない民間だけの経済スキームはリスクが大きい。トヨタ自動車のＢＢＣスキームは、官民が協力してそれぞれの実力、実行力に見合った経済スキームを設定し、時代とともに改良、発展させることの重要性を認識させる良いお手本であったと思う。

新興国ビジネスの特徴

官（現地政府）民の協調がなければ何も進まない

オーストラリア

山あり谷ありの50年

オーストラリアは、トヨタの現地生産事業としてはもっとも古い国の一つで50年以上の歴史がある。私の先輩にあたる海外担当者の多くはオーストラリア事業の経験者だ。しかし自動車販売が日本の5分の1程度という世界的には小規模な市場だ。しかも近年輸入車比率が高まり、2015年には90%を超えるに至った。かつては日米5社のメーカーが乗用車の生産を行っていたが、相次ぐ撤退の中、トヨタもついに、2017年末までに現地生産を打ち切ることを2014年に発表した。長い歴史を閉じる苦渋の決断だ。生産コストが高いため海外からの輸入完成車に対抗できず、赤字構造から抜け出す見込みがないのが主な理由だ。この結論に至るまでにはオーストラリア政府からも支援を受けつつ、多くの試みに挑戦してきた歴史がある。

1990年代までのオーストラリアは、ストライキが頻発。労務問題が大きな課題だった。業種別、職種別に組合が分かれ、企業の枠を超えた組織だったため、トヨタの工場内での話し合いや合意事項にかかわらずストライキが起きてしまう。しかも従業員はベトナムや中国方面からの移民が多く、現場では英語によるコミュニケーションにも不都合があり、生産性向上に苦労していた。そのため新型カムリの生産に切り替えるタイミングで新工場を建設し、生産性を高めてコスト競争力を向上させようということになった。しかし、いくら最新設備の工場をつくっても労務問題を抱えていては生産性を高めることなどできない。

このとき担当役員だった横井さんは、政府と組合代表に言った。

「新工場に投資する条件として、労使が協調してコミュニケーションができるように、組合を一つにまとめること」

これはオーストラリア労務史上初めてのことだった。政府は海外からの新規投資が少ない中でトヨタの条件を無視できず、政府の働きかけによって新工場完成に合わせてそこで働く人の組合が一本化された。その直後に私が担当部長となったのだが、それでもストライキは相変わらず頻発していた。

トヨタの新工場内は組合組織が一本化されたものの、社外の業種別組合からの非公式なプレッシャーが強く、ストライキの発生が抑えられなかったのだ。「オーストラリアは世界の動きから取り残されている」というのが私の印象だった。宗主国のイギリスさえも、組合組織が承認していない一部の組合員による非公式なストライキはなくなっているのに、**トヨタの高い生産性は労使協調によるものだということを理解してもらわなければ問題は解決しない。**そこで、私は彼らに視察旅行を提案した。

オーストラリアは当時労働党政権だったため、政府関係者、労働組合の中央幹部およびトヨタ担当者に、日本、イギリスの労働事情を視察させたいという私の提案はすぐに合意された。この視察旅行以降、ストライキの頻度は極端に減少した。視察団が日本とイギリスの関係者との交流を通じて労使協調の大切さを理解したことが大きな要因だったが、労働組合のトップが視察団に参加した女性と恋仲となり、その後結婚したことも良い結果に影響したのではないかと思っている。ストライキが減ったことで、トヨタの海外工場の生産性ランキングで、オーストラリアは上位にランクアップするまでになった。

ところで、新型カムリの生産コスト低減のためには、量産効果を上げることが有効だ。しかしオーストラリアはすでに成熟した市場であり、台数の急増は望めない。そこでオーストラリアに次ぐカムリの市場である中近東湾岸諸国へ、日本製カムリの代わりにオーストラリア製カムリを輸出することが決定された。この政策の背景には、カムリをアメリカとオーストラリアで集中生産し、日本では生産を中止するという世界戦略があった。しかし、オーストラリアから中近東市場へという、地域を大きく超えて海外生産車が取引されることはトヨタとしてそれまで経験のないことだった。アメリカ製の車がカナダへ、イギリス製のものが他の欧州諸国へ、タイ製が近隣国へということはあったが、いずれも市場環境が似た同一地域内への輸出だった。

地域をまたがる輸出は今でこそ一般的だが、当時のトヨタの海外オペレーションの実態からすると新たな挑戦だった。これに対し、輸入する湾岸諸国の代理店から猛烈な反対があった。「品質が保証されている日本製だからお客は買う。オーストラリア製に切り替えるのはトヨタの都合であり、我々に何のメリットもない」と主張する代理店を説得するのは大変な労力が要った。そこで湾岸諸国の代理店をオーストラリアに招待し、工場見学、商品説明、試乗会などを重ねる中で、「日本製と同様の品質を保証するし、不安定な日本円の為替変動からは解放される」ということでなんとか了承してもらった。

こうして新型カムリは、オーストラリアの新工場で万全の検査をし、湾岸諸国に輸出された。ところが、車両を受け取った代理店から、とんでもないクレームが入ってきた。「ハンドルがガタガタする」「道路走行中にミラーが落ちた」など、組み付け不良から塗装の不具合までその件数は異常なほど多かった。まさに一難去ってまた一難だ。急遽日本とオーストラリアの生産部隊が湾岸諸国に長期出張して、全数再点検をしなくてはならなくなった。そもそもこれは、おおらかなオーストラリア人の気質と世界でもっとも品質にうるさいと言われているアラブ人との評価基準のギャップから生じた問題だったと思う。

一時は暗雲が立ち込めたオーストラリアから湾岸諸国への輸出だったが、このとき世界基準の品質を見せつけられたことで、オーストラリアの生産品質は飛躍的に向上した。また、品質問題に素早く対応できるようにオーストラリア人を湾岸諸国に常駐させたことで、品質への不安感が消え、中近東への輸出台数は、オーストラリアの国内販売を上回って拡大し、カムリ生産のコスト削減にも貢献することとなった。

収益性が厳しい中で生産活動を続けるには政府の支援も不可欠だ。雇用確保、関連産業の育成、新技術の導入、外貨のバランスなど、政府が経済政策を推進するうえで自動車産業は重要な位置づけにある。日米欧ほど市場が大きくない中で自動車産業を続けるために、オーストラリアの連邦政府、州政府には最大限の支援を提供してもらった。そのときどきの首相や関係閣僚と生産活動の継続に関わる問題点を幾度となく協議する機会があったが、その都度、真摯に対応してもらい、問題点を共有したうえで、政府のサポート可能範囲の説明を受けた。

またWTO（世界貿易機関）の許容範囲で、最大限の生産支援予算も捻出してもらった。トヨタが今度生産活動を中止すると発表した際も、現地政府から批判的な反応はなかったと聞いている。トヨタ関係者の十分な事前説明もあったと思うが、現地政府としては「今日までよくぞ生産活動を続けてくれて感謝します」といった気持ちもあったのではないだろうか。それほど政府当局とトヨタは意見交換を重ね、信頼関係を築いていたのだ。

話は少し飛ぶが、トヨタはこれまで海外工場を閉鎖した例がほとんどない。1万台規模で生産する工場では、オーストラリアの隣国ニュージーランドのみだ。ニュージーランド政府はかなり以前に「小さい政府」に方向転換し、許認可業務を減らして規制も最小限にした。そのため日本から完成車や中古車が自由に輸入できるようになり、現地組立事業は採算が合わなくなったのだ。

私が担当部長となったときには、日本の4社がニュージーランドで組立事業を行っていたが、各社とも赤字に苦しんでおり、いつ工場を閉鎖するか悩んでいた。私も工場閉鎖の提案書をつくり、当時の奥田碩（ひろし）社長に決裁を仰ぎに行った。

「工場閉鎖はすべきではないが、事情は分かった。1週間本件は預かっておく」との反応だったが、10日ほどして呼び出され、「工場閉鎖はやむを得ない。ただし他社の中で最初にするな。最後にもするな」という難しい条件を言い渡された。そこで、競合各社の動向を探りながら、社員の再雇用、工場設備の有効活用等の閉鎖準備を進め、条件内で無事閉鎖した。途中、現地政府にも説明に行ったがあっけないほどの反応だった。工場閉鎖は政府の政策シナリオにすでに織り込み済みだったのだろう。

新興国ビジネスの特徴

「苦しい中でいかに事業を継続させるかが知恵の出しどころ」

Dear Dato Okabe,

I heard you were visiting Australia and was disappointed to hear that you would not be visiting me in Canberra.

I still strongly remember when we met last – it was the 9/9/2010 – a day I will never forget – I have a photograph of that meeting in my office in Parliament House. I have attached a copy as a reminder of our time together.

Sorry I missed you this time.

Warm regards, Julia

2011 年、当時のオーストラリア首相、ジュリア・ギラード氏は、著者がオーストラリア訪問の際に首相のもとを訪れなかったことを聞き、大変残念に思い、この写真入りのメッセージを額に入れて著者に送った。「この前、2010 年 9 月 9 日にあなたと会ったときのことがすごく印象的で、キャンベラの国会議事堂内の執務室にこの写真を飾っています」。

巨大市場にゼロから参入

インド①

10億人を超える人口を抱えたインドは、巨大な潜在市場としてかねてより注目されていた。ただ、以前は政府が自動車の輸入を実質禁止していたため、外交官など特別なユーザー以外にはトヨタ車を販売することができなかった。大市場にもかかわらず、インドにはトヨタの生産、販売拠点はなかったのだ。しかし1990年代以降、自由化の流れが加速。トヨタも1997年にインドへ進出することが決まり、現地企業と合弁会社を設立する運びとなった。私は実務面のリーダーに指名された。私にとってはそれまで経験のない大仕事だ。だが、トヨタの社員でインドに行ったことがある人材はほとんどいない。学生時代からインドと関係が深い私のほかには、合弁会社設立にあたってインド側のパートナー探しをした上司の取締役と他数名のスタッフだけしかいなかった。

まず、プロジェクトチームの結成に着手した。若手でファイトがあり、中国、アジア、南アフリカなど新興国での駐在経験がある人物を選抜し、チームを編成した。そして、トヨタ本社の一番大きな会議室をプロジェクト専用の部屋として使い、メンバーをその中に閉じ込めたのだ。

壁いっぱいに各課題の進捗状況を表す紙を貼り、その中で会議した。各自の担当以外のテーマも共有できるし、何よりも良かったことはインドへの知識が急速に高まり、直前まで誰も関心のなかったインドプロジェクトへのモチベーションが高まったことだ。この進め方は「大部屋活動」として、今ではトヨタのプロジェクト推進における基本となっている。

私たち東京のプロジェクトチームは、生産を中心とした本社の関係部署および現地に新設した合弁会社と緊密なコミュニケーションを続けた。テレビ会議やメールなどがない時代で、出張も頻繁にあったが、毎晩夜の8時くらいまで仕事をしたあと、焼肉を食べてカラオケへ全員で行くのがお決まりのコースで、固く結束したチームワークが出来上がった。

インドに置く本社・工場の所在地は、デカン高原の南にあるバンガロールにした。

本格的自動車産業の投資に現地の州知事も大歓迎

当時すでにバンガロールはIT産業の拠点として脚光を浴びており、北部のデリーや西側のムンバイに比べても環境が良く、ガーデンシティーと呼ばれていた。土地は将来に備え広大な敷地を用意したが、工場の生産規模は年間3万台程度の小さなものとした。小さく産んで、大きく育てるのだ。

現地州政府が手配してくれた工業団地に部品産業がなかったため、工場に隣接した土地にトヨタテクノパークという工業団地も設立し、日系部品メーカーを誘致した。

導入商品を決めるまでには多くの議論が重ねられたが、最終的には、先に紹介したインドネシアで「国民車」とまで言われた多目的商用車のキジャンに決まった。収益見通しが極めて厳しいプロジェクトだったため、市場ニーズよりもコストを優先した判断だった。

しかし、考えようでは市場ニーズにも合っていたと言える。インドではスズキが軽乗用車を中心に圧倒的なマーケットシェアをもっていた。スズキを相手にメイン市場に参入しても、新規にスタートするトヨタは赤子同然で簡単にひねりつぶされるだろう。そこで、スタート時点の**初代モデルは、競合車が少ないニッチな市場を狙って事業を進める。実績を積んだうえで10年後にトヨタのもてるリソースを動員し、メイン市場をターゲットに大規模事業を展開すればよいと考えた。**

ところがそう簡単に事は進まなかった。車をよく知っている複数の自動車ジャーナリストが、「世界のトヨタがインドネシアの旧型のローカルモデルをインドに導入する計画らしい。何ら新しい技術もなく、新鮮味のないモデル導入はインドを馬鹿にしている」とマスコミに訴えたのだ。

これには参った。インドネシアのキジャンを、サスペンションやエンジン、シートなどの部分で技術的には多少改良しているものの、ユーザー視点からすれば大きな違いはない。そこで私はプロジェクトメンバーに、「この車の100の優れた項目を見つけ出せ。90でも110でもなく、きっちり100！」と指示した。その結果、二十数点の優れた項目が提示されたが、再び私は言った。「100！」。最終的には無理にこじつけた面もあったが、ユーザーにアピールできる100の項目が揃った。これを宣伝とセールスマン教育のネタに使った。するとジャーナリストの批判はピタリとやみ、競合車に比べ抜群の乗り心地の良さで高い評価を得るようになった。

販売体制の構築も大変な力仕事だった。自動車販売は、現地に代理店があっても、直接販売するのは各地の地場資本によるディーラーである。地元としての販売力とお客様との信頼関係を育むには、地域の実力者のリーダーシップが必須なのだ。

販売体制がまったくない中で、行き当たりばったりの自選他選方式で安易にディーラーを認定することはできない。まずは市場をしっかりと分析し戦略を立てる。幸いなことにインドでは多種多様な統計データが入手可能だ。古い統計値だとその信憑性に問題はあるが、概要は把握できる。都市別の自動車保有台数、人口、所得、不動産価格、賃金等々。それらをもとに各都市での販売可能台数、販売店の収益予想等を試算したうえで、第一次段階として23の都市にディーラーを設立することとした。

ディーラーを公募した結果、トヨタのネームバリューを知っている多くのビジネスマンが集まってきた。選考の基準は「資金力」「本人が直接ディーラー経営をする」「自動車販売経験がなく、お客様第一の仕事をしている」の3点。特に3点目の基準について一言説明を加えておく。当時インドは長い間の閉鎖的な社会主義型の経済政策の影響により、物不足・売り手市場であった。自動車販売も配給制のように長い順番待ちで、お客様第一主義という意識が欠けていた。したがって、自動車販売経験がない実業家をトヨタ式でゼロから指導することが近道と考えたのだった。たくさんの応募者を書類選考して面接するのは大変な労力を要した。2000年の販売開始に合わせてディーラーの設備を整えようとするともう時間がない。全員が手分けをして行動力で時間をカバーせざるを得なかった。

販売がスタートする前には、選抜したディーラーオーナーを夫人同伴で日本に招待し、トヨタの工場見学を実施。トヨタ本社のトップとも初顔合わせをした。当時トヨタ社長だった奥田さんから「すごく元気の良いディーラーを集めたものだな」と喜ばれたことを覚えている。

新しい仕事を自前で立ち上げるには小さく産んで大きく育てる戦略で

中近東

世界情勢にかんがみ、進出にストップがかかる

イランは中近東地域で最大の潜在市場だ。市場規模のみならず、100万台を超える自動車生産も自力で行っている。以前よりイランへの進出計画は幾度となく担当部署で検討されてきた。対イスラエル問題でアメリカとの経済交流が遮断されていた1990年代後半、経団連が初の大型視察団をイランに派遣することになり、私も団員として参加した。視察した自動車工場は生産途中の手直し車両であふれ、組立の専門家でない私にもその非効率さが目についた。また、部品の品質の悪さに現地の技術者は不満をもらしていた。環境さえ整えば、事業展開の種はいくらでもあると思った。

当時は現在ほど厳しい経済制裁はなかったものの、イランとイスラエルの敵対関係は極めて厳しかった。それゆえにイランとの事業を計画するには、まずイスラエル関係、すなわちユダヤ側の感触を探らないと、政治的に危険なリスクを含んでいた。い

わゆる不買運動のようなボイコット騒動が起きないとも限らないからだ。そのような事態になったら、アメリカをはじめ他国市場に大きな打撃となりかねない。そのためアメリカのユダヤ組織のトップと秘かに会談し、政治的な問題とならないような根回しもした。

ところが事業計画の具体的検討に着手したとき、横井さんからストップがかかった。将来を見据えた世界情勢の判断によるものだろう。「本件はここまでで止めておけ」との一言。不思議なことにそれ以上の説明はなかった。推察するに、トップの間でイランの事業は時期尚早との考えがあったのだろう。イランはいまだに最大の潜在市場のままだが、あのとき進出しなくてよかったと思っている。**当時の私は新しい市場を開拓する魅力に取りつかれていて、事業計画を広い視野で考えていなかった。**世界情勢を見極め、環境が整うタイミングを待つ度量がなかったと思っている。

そういえば中近東ではあわやテロ事件に巻き込まれたかもしれないという出来事もあった。ご存じのように中近東は、政治的に不安定でテロリストの温床と言われている。その代表格のテロ組織アルカイダのトップが、アフガニスタンかパキスタンのどこかに潜伏したまま行方が分からなくなったことがあった。広大な荒野に対し、拠点とおぼしき場所に米軍が空からいくら攻撃を繰り返しても効果がなかった。

そんなときアメリカ筋から、現地の自動車修理工場のサービス記録を入手してほしいとの要請が極秘裏にあった。現地での移動には四輪駆動車が必須で、テロ組織もトップ用の四輪駆動車は常に最高の状態にメンテナンスをしているに違いない。サービス記録を解析すれば潜伏場所の目処がつくとの発想だった。

私はすぐさま現地に行き、販売代理店のオーナーに事情を説明して協力を要請した。するとオーナーは即座に拒否した。

「地方の狭い限られた社会の中で、そのようなことに修理工場が協力すれば、口コミで噂になってすぐにバレる。それは死を意味することになる。だから協力できない」

それを聞いた私は、底なしの穴に落ちたようなショックを受けた。テレビニュースの知識だけで、現地の緊迫した危機感をまったく理解していなかった自分の軽薄さ加減が恥ずかしくなった。

新興国ビジネスの特徴

世界情勢は時としてダイレクトにビジネスに影響する

中近東初。自動車整備士学校を設立

サウジアラビア

サウジアラビアは中近東最大の自動車市場で、トヨタ車も年間30万台規模が輸入されている。トヨタの海外販売代理店の中でも、現地資本による独立代理店では同国のそれが世界最大で、トヨタ車拡販のためにエネルギッシュな事業展開が行われている。しかし、伝統的な商習慣としてブローカー（仲介人）による販売比率が高く、顧客満足度を向上させるための課題は多かった。その一つがアフターサービス体制の充実・強化であり、現地代理店は日本でも見られないような大規模修理工場と部品倉庫を建設していた。しかし、そこで働くメカニックはフィリピン、インドなどからの出稼ぎ労働者ばかりだった。

サウジアラビア政府は自国民育成政策「サウザイゼーション」の一環として、民間企業にサウジアラビア人を一定の割合で雇用するように指導している。トヨタの代理店はオフィスであればその政策に対応できるが、雇用人数の多いアフターサービスの現場となると、外国人労働者が圧倒的に多い。そのためサウジアラビア人の代理店オーナーと協力して、人材育成のために独立した自動車整備士学校を設立することを企画していた。

その最中の1998年、サウジアラビアのアブドッラー皇太子（当時）の日本公式訪問が確定した。ある日、知り合いの外務省審議官から私のもとに電話が入った。

「日本・サウジアラビア共同声明に盛り込めるような日本側の案件がないので困っている。トヨタの整備士学校をナショナルプロジェクトとして盛り込みたいので了解してくれないか？」

私は頭を整理する間を置いて返答した。

「一民間企業がやることを国家間の共同声明に盛り込むのは筋が通らないと思う。本件を自動車工業会のプロジェクトとして、国際協力事業団（JICA、現在は国際協力機構）の枠組みの中で進めるなら理屈が通るはず。そのような形が実現できるか関係部門と調整するので少し時間がほしい」

それからが大変だった。自動車工業会の各社は「サウジはトヨタが圧倒的シェアをもっているのだから、トヨタが独自でやるべき」「自動車工業会として取り組むにはメンバー全員の賛同が必要だが、我が社はサウジに輸出していないので本件に関与したくない」等々、意見の一致が見られない。私は本件を横井さんに相談したときに受けたアドバイスを思い出した。

「以前、自動車工業会で、ある先進国に自動車整備士学校をつくる構想があったが失敗した。学校は収益が上がらないので継続的に当事者国の支援が必要。しかも生徒にとっては卒業後の就職が保証されているわけでもないので、人も集まらないぞ」

各社のネガティブな対応はこんな背景があったからかもしれないが、このアドバイスは私にヒントを与えてくれた。最初の卒業生が出るまでの最低3年間は政府予算を付けるように交渉することと、卒業生の就職先の検討だ。現地パートナーに事の次第を説明し、「トヨタ代理店が現地の受け皿ではおかしいので輸入車協会を設立してほしい」「土地、建物はサウジアラビア側で提供し、総予算を日本・サウジアラビアで折半」「卒業生は輸入車協会メンバーが責任をもって、全員をメンバー会社に就職させる」ことをお願いした。行動力あふれる現地パートナーは競合各社の合意を取りつけ輸入車協会を設立、皇太子から土地の提供も受けたのである。このような過程を経て、皇太子来日時の共同声明に本件はめでたく盛り込まれた。

前例のないこの自動車整備士学校の設立は、サウジアラビア国内で高い評価を受けた。日本から出向している教員は「各方面からやって来る見学者は、若いサウジ人が油にまみれながらも真剣に学んでいる姿を見て皆感激する」と誇らしげに言う。ただ、サウジアラビア政府は人材育成となるこの整備士学校を歓迎したものの、さらに自国の工業化推進のための工場投資（工場建設）を執拗なまでにトヨタに要請してきた。

産業基盤が未成熟なサウジアラビアでのモノづくりはコストが高くつき、5%の低関税で輸入される完成車と価格面で競争できないことは、実業の世界にいる者にとって自明の理。しかし、許認可業務が発想の源であるサウジアラビア政府の役人は、それを今もって理解してくれない。

あるとき、「とあるエアコンメーカーがサウジ政府の要請に応えて現地生産し、輸入車はすべてそのエアコンを装着するようなルールができるらしい。なんとか手を打たないと大変なことになる」との情報が、エアコンのコンプレッサーの製造もしている豊田自動織機で当時会長をしていた横井さんからもたらされた。

そのメーカーのエアコンは、トヨタグループの一社である日本電装（現デンソー）

のエアコンより価格は安いが品質は劣る。仮にそのようなルールが決まれば、トヨタグループの収益のみならずトヨタ車の品質にも影響しかねない。急遽、日本電装および現地代理店のトップと協議して、ハイラックスというピックアップトラック用エアコンを現地組立とすることで**サウジ政府の期待に応え、不都合なルール導入を阻止することができた。**

このエアコンの現地組立は現在も中近東における唯一の自動車部品事業であり、それなりの評価を受けてはいる。しかしながら日本電装および現地代理店にとっては政治的圧力により仕方なくスタートした事業であり、収益が上がらない中で細々と事業を継続している。現場担当者の並大抵でない苦労に頭が下がる。

ビジネスインフラが整備されていない中では、総合産業である自動車関係の工場投資はまず採算が合わない。新興国には、自国のリソースに適合した現実性のある中長期の産業育成政策の立案を切に望みたいものだ。

新興国ビジネスの特徴

現地のためと思っても新しい事業は現地政府の意向に振り回されることが多い

現地パートナーの選び方、付き合い方

インド②

インドを例に、現地のパートナー企業についても触れておきたい。これまで多くの新興国で現地資本と合弁事業を行ってきたが、モノづくり経験のない金融系の財閥がパートナーだったケースでは苦労してきた。とはいえ、既存の現地自動車メーカーとの合弁は、条件が厳しく話にならなかった。

そこで、インドではモーター製造で実績のある中堅財閥をパートナーに選んだ。彼らはトヨタの生産ノウハウ導入に積極的であり、頻繁にトヨタ本社を訪問してくれた。これは、トヨタグループ各社がインドへの関心を高めるのに大いに役立った。また、現地パートナーの重要な役割である優秀な人材の確保や政府関係との渉外活動にも大きく貢献してくれた。パートナー選びはうまくいったと言えるだろう。

しかしそこは、新興国ビジネス。このような良好な関係のパートナーといえども、

合弁事業を進めるうえではいろいろ問題もあった。ここでは一つだけエピソードを紹介しよう。

中国に遅れること10年、インド政府は経済開放政策に大きく舵を切った。その結果中国製品が大量に入り込み、インドの製造業は大打撃を受け、パートナー企業の経営も悪化の一途をたどった。資金繰りに窮したパートナーは10％強の合弁会社の株をトヨタに買い取ってほしいと申し出てきた。合弁会社は設立以来、収益性が悪く、追加投資の計画もあったため一度も配当がされていなかった。

現地法人を100％子会社化することはトヨタにとって大歓迎だったが、横井さんにそのときクギを刺された。

「合弁比率は事業の根幹に関わること。**相手の真意をよく確かめてから判断するように**」

この言葉を頭の中で反芻しながら、相手の立場に立っていろいろなケースを想定し、先方の財閥トップに言った。

「トヨタとの合弁は配当による収益拡大を目的とした投資なのか、それとも、トヨタと組んで自動車産業に本格的に参入することが目的だったのか？」

「配当目当てではない。自動車産業に取り組むことでグループ事業を拡大したい。だからパートナーとしてトヨタと事業を続けたい。しかし資金繰りの問題で今回、苦渋の判断をした」

「今後ともトヨタと手を組む意思があれば、1%だけ株を残しておくべきだ。そして景気が回復し事業が上向いた際には10%まで買い戻すオプションを付けた契約を結ぼう。異論がなければ、その方向でトヨタの社内を調整する」

このとき私たちはすっきりした気持ちで会談を終えた。その後数年で景気は回復し、パートナーは持株比率を10%まで買い戻すことができた。

巨大な潜在市場のインドへの参入から十数年が過ぎたが、実は事業内容はいまだ発展途上にある。プロジェクト開始当初はインドブームで、私と面識のないトヨタ社員までが「今、インドプロジェクトを担当しています」と誇らしげに言葉をかけてくれたが、ここしばらくインド市場は停滞気味だった。業績が悪いことに苛立ち、「誰がこんな仕事をスタートさせたのだ」という不満が出ていると聞いた。

山谷がある新興国ビジネスに取り組む担当者に対して幹部からの励ましがなく、このような言葉が出ることに中期的視点が欠けていることを感じ、残念に思う次第だ。

なんとか乗り越えてほしい。

新興国ビジネスの特徴

現地パートナーとの安定的な関係づくりが事業推進のキモ

現地の自立化を目指すには?

アジア地域

本章の冒頭で、トヨタは四つのステージを経て発展してきたことを述べた。ここでは第三ステージ、海外での生産が本格化し、事業のグローバル化を推進していた時代に、私が担当していた新興国の組織体制について述べてみたい。

1990年代になると世界の主要国でトヨタ車の本格的生産が開始され、生産、販売台数が急速に拡大していった。欧米での新工場建設のみならず、タイ、オーストラリア、アルゼンチン、インドでの新工場建設やその他の生産拠点でも、生産能力拡大の投資が立て続けに実行された。このため兵站線(へいたんせん)(輸送連絡路)が拡大し、日本から直接マネジメントするのが困難になってきた。

それまでは日本から完成車を輸出し現地で販売することが主体だったため、海外駐在スタッフには営業面の人材を中心に送り込めばよかった。しかし、現地で生産活動を行うとなるとその地に根を張る覚悟がいる。現地に、技術、生産、部品調達はもちろん、人事、経理を含む全社の機能が必要になってきた。

現地事業体の自立化が重要なテーマになった。だが、リソースは急には拡充できない。そこで、トヨタでは数カ国を束ねて統括するオペレーショナル・ヘッドクォーターを設立し、日常業務についてはその地域内で完結できるよう、体制整備を行うことになった。

この方針はまず北米で具体化がスタートした。すでに北米地域には子会社が数社あり、それを統括する機能が必要とされていた。この地域は現地で経験豊かな人材の確保が可能であり、アメリカ、カナダの統括業務なので市場に類似性もあった。

北米地域に次いで統括会社を設置したのは、欧州地域だった。欧州は英国に次いでフランス、ポーランドで生産が始まり、各国の販売代理店の多くもトヨタ100%の子会社だったため、統括会社を設立する素地があった。自然な流れとして、私の担当するアジア地域を中心とした新興国市場でも統括会社を設立せよという意見が強くなってきた。私は、前向きな答えをすぐには出せなかった。

新興国は、欧米と環境が大きく異なっている。現地オペレーションの自立化を目指す統括会社には、日本の本社に代わって実務のマネジメントを取り仕切ることができる現地の人材が必要だ。しかし、自動車産業の歴史が浅い新興国は人材が決定的に不足している。現地の人材は、日本の本社から派遣される駐在員の枠の中で日常の仕事を覚えながらのトレーニングとなるため、考え方、仕組み、人脈等についてごく限られた知識しか伝達できないのが現実だった。そのため新興国市場では地域全体の統括業務は日本人主体で行わざるを得ない。

また各国には現地のパートナーがいて、事業の形態が国ごとに異なっていた。そのために市場も国ごとにバラツキ、特徴があった。地域をまとめる意味合いが大きくなかったのである。しかし、統括会社が必然だということも分かる。私は**新興国の事情に即した統括会社のあり方を模索し始めた。**

幸い統括機能を担う器はすでに存在していた。1990年のBBCスキームによるASEAN分業への対応のため、シンガポールにTMSS(トヨタ・モーター・マネジメント・サービス・シンガポール）が設立されていたのだ。

日本のトヨタ本社には各国の担当部署があって現地と緊密な連携をとっていたが、隣同士であるＡＳＥＡＮ各国には相互の連携システムがなかった。そのためＡＳＥＡＮ域内の分業生産のオーダーの受発注、決済、物流を統括する会社ＴＭＳＳを、ＡＳＥＡＮ主要５カ国の中で唯一生産拠点のないシンガポールに設立していた。当初は日本人がすべての実務を担当せざるを得なかったが、業務がルーティン化する中で現地スタッフも実務経験を積み、取り扱い品目も域内の分業生産品から完成車の取引、さらにはＡＳＥＡＮ域外との輸出入も担当できるまでになった。

その後、開発と生産を現地主体で行うＩＭＶ（イノベーティブ・マルチパーパス・ヴィークル）プロジェクトがスタートした（次項にて詳述）。このプロジェクトは、すべての実務の拠点を日本からタイに移すという画期的な仕事の進め方だったため、次第にＩＭＶを軸としてタイの拠点が新興国全体の統括機能を果たすようになった。

そこで、ＴＭＳＳを新たにＴＭＡＰ（トヨタ・モーター・アジア・パシフィック）と改称した新会社を設立し、アジア豪州地域の統括拠点と位置づけた。タイはＴＭＡＰ－ＥＭ（エンジニアリング・アンド・マニュファクチャリング）、シンガポールはＴＭＡＰ－Ｍ

S（マーケティング・セールス）とした。

IMVの実務展開が進むにつれ、TMAP主導による域内オペレーションの自立化、現地化は進みつつある。まだ欧米の統括会社のレベルには長い道程が必要だが、将来が楽しみだ。

しかし、一つ気になることがある。新興国のオペレーションには多くの現地パートナーがいる。そのパートナーたちから「私が今抱えている問題はトヨタの誰と話をしたらいいのか？」「この仕事は誰が責任をもっているのか？」などと困った表情でアドバイスを求められることがあるのだ。オペレーションが拡大するのに伴って組織も複雑になるため、統括会社の設立は必然であり、環境に適応しながら組織を改革するのは大切なことだ。だが、気をつけなければいけない原則がある。それは、「顔の見える」体制づくりを心がけること。**特に日本サイドの事情に詳しくない現地パートナーに対しては、誰が責任ある立場なのかを明確にすることが大切だ。**商品の価格交渉や受発注などの実務のみならず、運命共同体として誰がカウンターパートなのかを明確にしておくことが、信頼関係の構築には欠かせない。

新興国ビジネスの特徴

現地事業体の自立化とともに「顔の見える」組織体制が信頼関係をつくる

国境を越えて連携。開発から生産まで各国間でネットワーク化

タイ、インドネシア、インド、アルゼンチンなど

新興国ではトヨタの商用車は人気が高い。特にランドクルーザーに代表される四輪駆動車や、小型ピックアップトラックのハイラックスは高いマーケットシェアを獲得している。「ＩＭＶ（イノベーティブ・マルチパーパス・ヴィークル）」とは、２００４年のハイラックスのモデルチェンジのタイミングに合わせて車種を拡大し、開発と生産を現地主体で行うことにしたプロジェクトのことだ。

ハイラックスのプラットフォーム（車台）をキジャン、新規開発のＳＵＶ（スポーティー多目的車）など五つの車種に共有化させ、開発・生産コストの削減と新興国の地域特性からくる多様なニーズへの対応を目指そうという新しいビジネスモデルだ。

開発・生産の拠点は、日本ではなくタイにした。タイはハイラックスの最大市場でしっかりとした現地生産基盤が整っており、アジア地区で初めての技術開発拠点も出来上がっていた。

このＩＭＶプロジェクトを機に日本でのハイラックス生産を打ち切り、タイを中核としてインドネシア、インド、アルゼンチンなど、生産をすべて海外で行うことにした。生産拠点のない地域へは、日本からの輸出に代えてタイ製のハイラックスが輸出された。それまでは生産部品も少なからず日本からの輸入に依存していたが、多くの部品を現地調達に切り替え、タイの場合、主力車種については現地調達率が95％を超えるレベルにまでなった。また従来、世界各地の技術者を日本に招集して行っていた生産拠点の教育・指導研修を、これを機にタイで行うことにした。

プロジェクトは全社レベルで進められ、私は担当地域の本部長として会議の議長役を務めたものの、実際は海外事業体を巻き込んだ生産部隊の大活躍により計画通りに進めることができた。その結果、販売台数も収益も予想を上回る成果をもたらした。

昨今、グローバル化という言葉がもてはやされているため、新興国の特性を尊重するビジネスモデルが軽んじられる傾向がある。その点、ＩＭＶプロジェクトは商品企画、生産活動において、**グローバルとローカル双方のニーズを取り込んだ事業として評価できる。**すなわち、エンジンやプラットフォーム（車台）などの基本的構造はトヨタの世界基準をしっかりと確保したグローバルな共通化を図り、ボディのデザインや仕様などの商品特性はそれぞれのローカルな市場ニーズにマッチした商品として仕上げたのだった。

また、ＩＭＶプロジェクトを推進したことで、**各国の海外事業体相互の一体感、チームワークが強化され、モチベーションの向上が見られたのも大きな成果だった。**従来は生産・技術指導は日本本社と現地事業体との一対一の縦糸の関係だったが、商品企画から生産活動まで、タイを拠点とした事業展開により、各事業体間の共同作業という横糸の関係が構築されたのである。海外の各事業体間の交流のパイプができたことは将来への事業展開に向けた大きな財産だ。

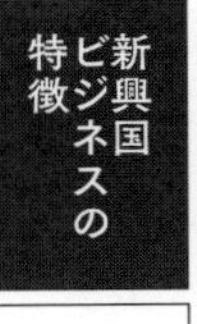

利害を共有するプロジェクトチームはパワフルな連携が実現できる

いよいよメイン市場へ打って出る

小さく産んで大きく育てるインド事業がスタートして10年近くが過ぎた頃のこと。それまでは競合がトップシェアを握るメインセグメントを避けて、ニッチな市場向けにクオリス（キジャンのインド市場名）、高級車としてのカローラ、カムリを導入し、それなりの成果を上げてきていたが、いよいよインドプロジェクトの第二ステップとして、メイン市場に商品を投入することになった。

インドのメイン市場とは、日本で言えば軽自動車クラスの低価格市場だ。インドではその市場をスズキが圧倒的な占拠率で握っていたが、そもそもトヨタには、その低価格市場に見合う商品がなかった。トヨタにとって、この市場への参入はインド以外でも経験がなく、未知なるものへの挑戦だったのだ。

新しいことへの挑戦となると、各方面からさまざまな意見が出てくるものである。

「コスト削減、利益確保のために、車両の基本機能以外の部品はすべて取り除け」
「トヨタの品質基準で開発するから高くなる。別のブランドで立ち上げるべきだ」
「そもそも収益の上がらない商品は意味がない。インド市場が将来成長してから新商品を投入すればよい」

これらの意見はどれも理屈としては成立している。しかし、私には同意できなかった。インドの人たちに夢のある商品をトヨタのブランド、品質力で提供することができれば、インドのみならず、すべての新興国に展開でき、もっと多くの人たちに夢を提供できるようになるのだ。

当時、新興国市場ではトヨタ車よりも3割近く安価な韓国車が急速に躍進してきていて、私の担当するトヨタの代理店からは「なんらかの対策をしてほしい。世界のトヨタなら韓国車をたたきつぶす商品をつくれないはずがない」という悲痛な叫びが上がっていた。新たな挑戦に安易なことなどない。ここが頑張りどころとばかりに社内調整に飛び回り、トヨタ最廉価の乗用車を開発するところまで漕ぎつけた。

軽乗用車並みのコストで乗用車を開発することはトヨタにとって初めての挑戦であり、開発技術部門および部品を調達する購買部門は大変な努力を重ねてくれた。よう

インドへ進出の10年後、トヨタ初の新興国向け戦略乗用車「エティオス」誕生

やくのことで目標となるコストで生産可能な試作第1号車ができたと報告を受け、喜び勇んで現物を確認に行った。だが、まだ走行できない試作車に乗り込んで、正直ガッカリした。

まるで独房に入れられたような印象。コスト削減ばかりに集中したため、ユーザー視点の「うれしさ」がまったく見当たらなかったのだ。

「価格ばかりでなく夢のある魅力的な商品でないと、スズキや韓国車に勝てない。限られた時間とコスト目標をにらみながら、最大限の努力をして魅力ある商品に仕上げてほしい」

車両開発責任者のチーフエンジニアに厳しい口調で頼んだ。トヨタにとってはもっとも低コストの車でも、インドの市場ではまだ高いレベルであり、競合車に劣らない魅力が必要不可欠だ。

車両開発にあたっては、市場調査を幾度となく実施した。ある家庭を訪問したとき、同席していた子供が「お父さん、うちで車を買うの？　僕のお小遣いはいらないから、その分早く車を買って」と言った。

自動車保有率が少ないインドではマイカーが夢なのだ。**自動車という「夢」を買うのだ。いくら安くても、家族の夢を満たす商品でなくてはならない。**

クオリス（キジャン）導入から10年が経過した2010年、こうして試作を重ねてトヨタ最廉価の乗用車「エティオス」が生まれた。エティオスは、トヨタ車は高くて手が出ないと思っていたインドの人たちに、手が届く高級車として熱く支持された。エティオスはその後バリエーションを増やし、現在ではタイ、インドネシア、ブラジルなど、新興国の乗用車の中核モデルの一つとして生産を拡大し続けている。

新興国ビジネスの特徴

現地国民の「夢」や「うれしさ」に照準を合わせる

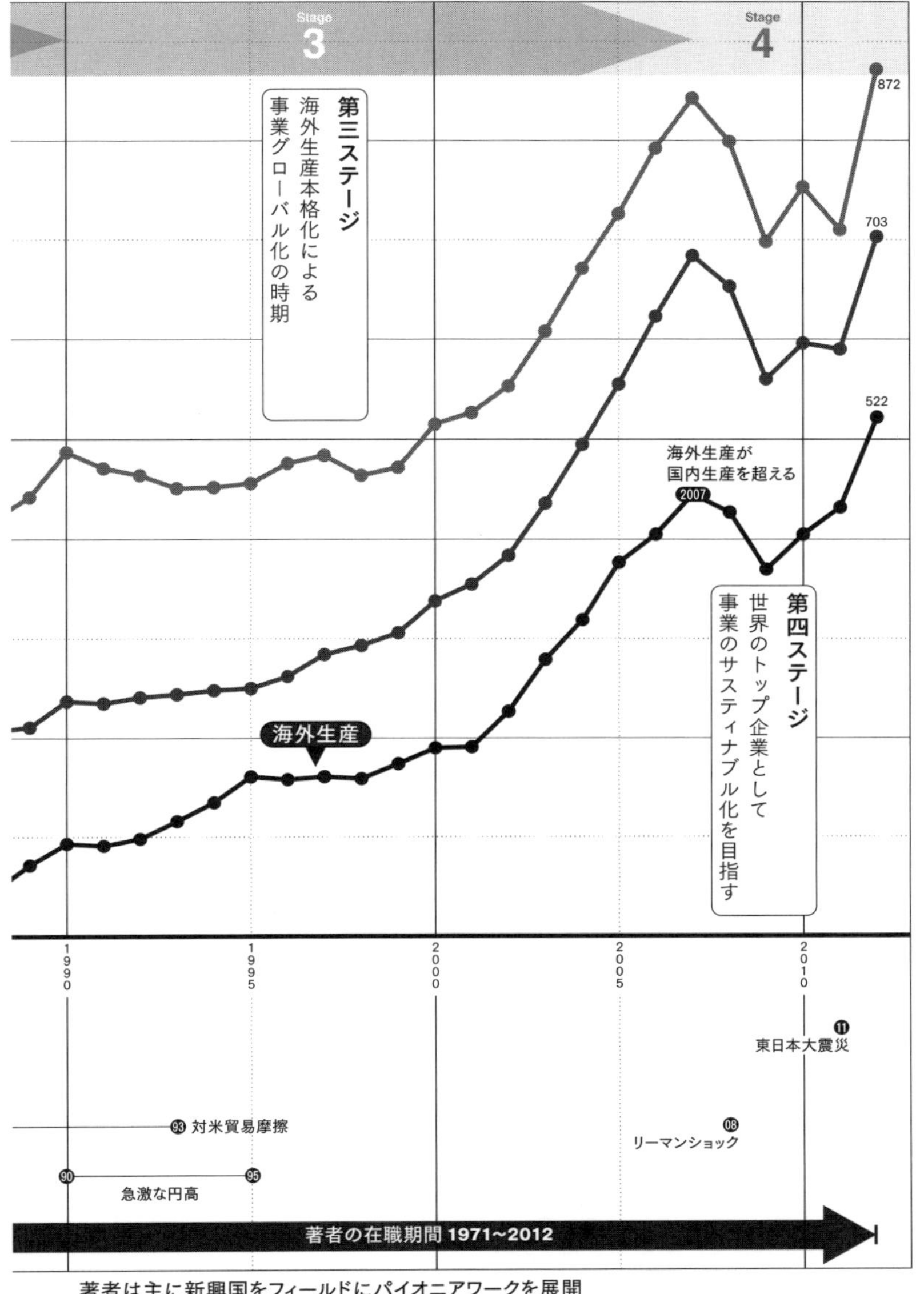

著者は主に新興国をフィールドにパイオニアワークを展開

トヨタの海外事業展開推移

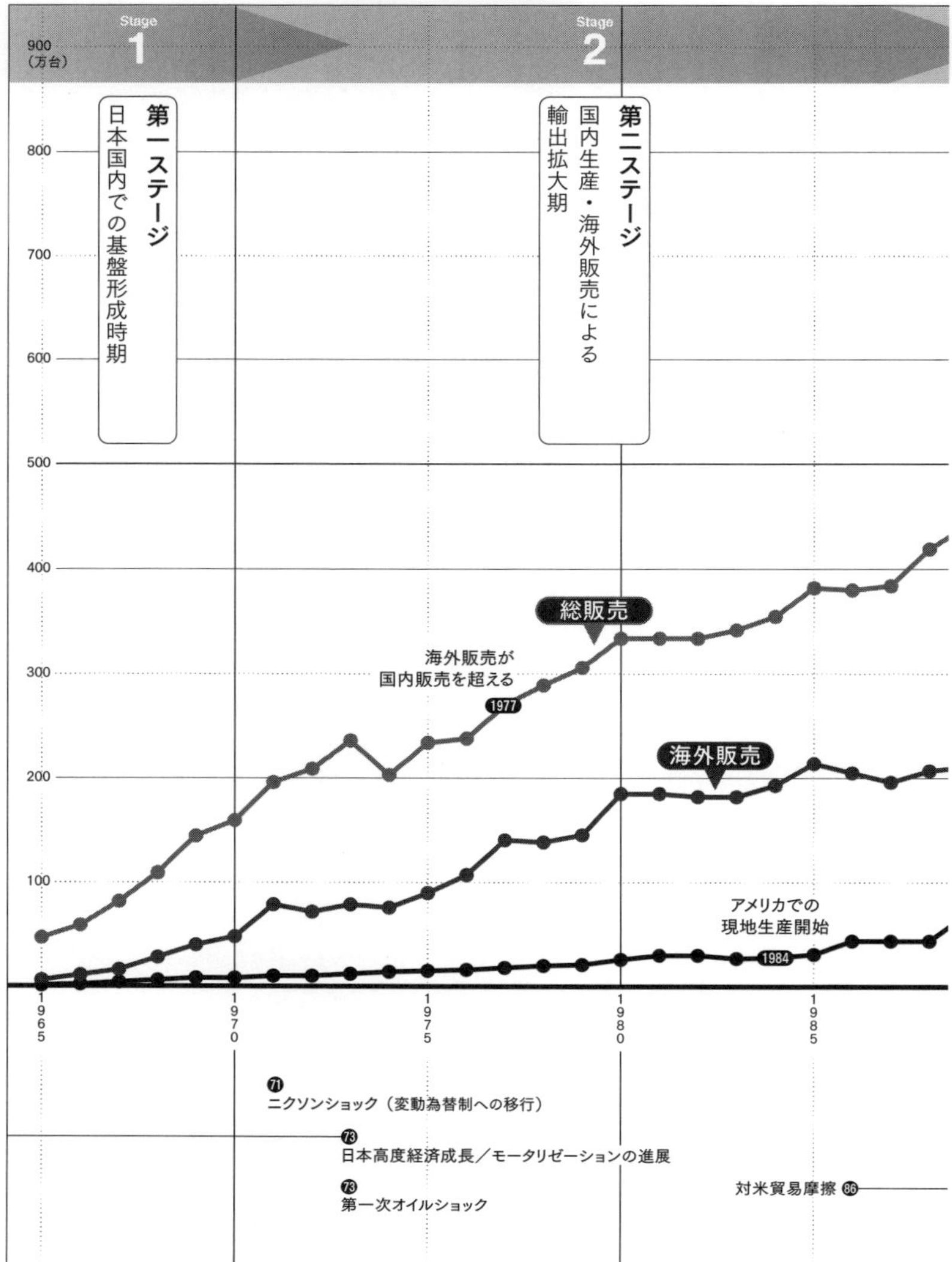

1971 年から 2012 年、国内から海外へ、そして世界のトップへと成長カーブを描くトヨタで、

第3章

新興国ビジネスの成否は現地パートナーで決まる！

合弁パートナー ～共通の目標に向けた運命共同体～

ここまで、私自身のキャリアの変遷とともに新興国事業を中心とした海外事業の実例を紹介してきたが、経験にかんがみて、特に大切なのが現地パートナーとの付き合い方だ。本章ではそれについて語りたい。

新興国の事業母体は現地資本との合弁形態が一般的になっている。これは現地政府の外資政策によりやむを得ないものだが、事業を展開するうえでパートナーの必要性も大きい。ビジネスインフラが整備され、均一化している先進国と異なり、新興国間では文化、習慣が異なり、市場環境も不透明だ。社会動向、市場見通しから労務問題、政府関係との渉外などについて外国投資家よりも現地パートナーははるかに高い知見をもっている。

新興国での事業推進には価値観を共有化し、利害を分かち合えるパートナーの存在

に現地の市場に密着した販売会社の場合は現地資本が過半数を占め、現地人社長のトップおよび常勤役員として送られてくる人材は皆一流のビジネスマンである。特に現地パートナーとの連携により現地目線での理解が深まり、市民権をもったインサイダーとして活動することができる。ここではこの現地パートナーについて三つのカテゴリーに分けて事例を述べてみたい。

一つ目は**合弁会社に出資している名実ともに運命共同体のパートナー**。労務や渉外活動など現地固有の課題を主に担当する安定的な合弁パートナーだ。

二つ目は**代理店契約を結んでいる現地のビジネス・パートナー**。日常取引で利害が対立することがあっても、バリューチェーンでしっかりと結束している現地資本の独立パートナーだ。

三つ目は**国の産業政策を司る政府およびオピニオンリーダー**。その国への報国の精神で投資を行っていることを「大義」として、国策に沿った施策を我々にアドバイスし実行してくれる政策パートナーだ。

まず一つ目の合弁パートナーだが、有力な地場資本との合弁では、パートナー企業リーダーシップで業績を上げることが可能だ。現地ローカルマターとしての人事、労務問題や渉外広報活動のみならず、私たちが出張するときには、関係先のあちらこちらへ引きずり回される。それは我々外国人の見聞を広めさせることが目的だろうが、世界のトヨタと一緒に仕事をしていることを地場社会に印象づける狙いもあったはずだ。私たちはうまく利用されていたかもしれないが、**ウイン・ウインの精神で対等に向き合うことで双方の信頼関係が強化されたと思っている。**パートナーのリードにより現地の多方面の関係先とコンタクトする中で、トヨタの存在感が認識される。良き企業市民として自動車事業だけでなく現地に根を張った企業活動が展開でき、ひいてはそれがその市場ナンバーワンの地位を安定させることになる。パートナーの努力に心から感謝したい。

ただし、パートナーとの関係ですべてが順調に進むということはない。プロローグで述べたように、私のマレーシア時代のパートナーとの闘いはその典型的な事例である。

合弁会社の2代目会長として就任した人物は、トヨタ本社からの出向者である我々に表面上は差し障りのない態度をとっていたが、現地スタッフには己の権力を誇示すべく独断で不適切な方針を決定し、合弁会社のマネジメントをメチャクチャにしたのだ。優秀な人材の退職が続いたのを見かねて、パートナーである新会長を辞任に追いやるべく事を構えた。この人物は、そもそも政府の経理部門の下級役人だった。大きな企業体をマネジメントする器をもった人材ではなく、会長職という権限を行使することに生きがいを見出していた。自動車産業の実務に関心を示すことなく外部コンサルタントの意見のみを採用し、部下の意見には耳を貸さなかった。会長辞任という関係者たちのコンセンサスが世論となり「燎原に火が放たれ」、勝利するまでに3年の時を要した。

新興国のパートナーは出身母体の業種が極めて多彩だが、金融関係のパートナーには大変苦労した。時間をかけてみずからのリソースで事業を興すというモノづくりの文化は、瞬時に右から左へ多額の資金をマネジメントする金融業界には理解し難いものなのかもしれない。

合弁パートナー

「共に出資して会社を興す運命共同体としてのパートナー。ウイン・ウインの精神で対等に向き合えば双方の信頼関係も強化される」

独立パートナー ～完成車を輸入販売している現地資本の販売代理店～

二つ目の独立パートナーについては、特別な思いをもっている。世界のトヨタの代理店ネットワークの中では異端児的存在だからだ。トヨタの事業の流れは、トヨタが直接投資をしている生産工場から出荷された車が国内ディーラーおよび海外代理店に販売され、それらの傘下の営業拠点から個々のユーザーに販売される。海外の主要市場においてトヨタの直接投資による生産・販売が進む中、新興国で完成車を輸入販売している中小の代理店は現地資本の独立パートナーなのだ。

なかでもイスラム圏である中近東湾岸諸国の代理店によるトヨタの市場占拠率は、日本国内を上回る販売実績を誇っている。それゆえ湾岸諸国の代理店は、直接的にはトヨタにとって最大のお客様なのである。その代理店のオーナーは皆トヨタに対するロイヤリティが人一倍強い。ただし、オーナー一族は家族関係が複雑なケースが多いため、家族間、株主間の争い事も頻繁に起こっている。

特に世代交代時の相続、相続後の兄弟間の不協和音などは、そのファミリーにとって大問題なだけでなく、トヨタにとってもその国の市場の代理店分裂の危機となる。現在の代理店オーナーはそれらの問題をうまく処理してきたわけだが、今後も同様の問題が起こる可能性はある。私はそれらの問題の多くに直接関わってきた。

トヨタの**オペレーショナルな仕事とは直接関係ないファミリー問題ではあっても、代理店のマネジメントに関する重要案件だ。**しかも、担当の部下に任せられるような性質のものではない。このようなことが繰り返される中で、私はそれぞれのオーナーファミリーの相談役として関係を築くようになった。

差し障りがない一つの事例を取り上げてみたい。その代理店は創業者が親しい間柄の二人で、第2世代となったときに創業者それぞれから株を相続した複数のファミリーが主導権争いをし、トヨタの代理店として通常の責務が果たせる状況ではなくなった。現地に出張した私は、全株主から個別にヒアリングを行った。一人の株主を除いて皆、トヨタの代理店という利権とそれに伴う「のれん代」にばかり固執し、トヨタ車の販売施策、お客様の満足度向上、将来のヴィジョンなどについて関心がなかった。私は株主全員を招集して言った。「トヨタ自動車は現存する代理店と契約をしているのであって個々の株主と契約するのではない。どの株主が代理権を取るかということには関与しない。ただし、今のままでは代理店契約を継続できる状況にないので、本年をもって契約を打ち切りたい。新会社をつくってトヨタの代理店となりたいと願っているのはH株主だけなので、H株主を将来の代理店候補として考えたい」。

その後、数人の株主が代理店契約を打ち切られたことに対して私を提訴したが、契約打ち切りに必要十分な事実があったので提訴は却下された。H株主による新代理店は2年後にスタートした。中近東は口コミの世界だ。この一件は湾岸諸国の代理店オーナーの耳にも入った。そんなこともあり、それぞれのオーナーとファミリー問題を親身に話し合える間柄になっていった。アラブの人は昔の日本人以上に義理と人情の気持ちが強いことを実感した。

一般に、独立パートナーの多くは年間販売が1000台前後の小規模代理店が多い。しかも、市場環境が異なっていて小量ながらもきめ細かい対応が求められる。歴史的経緯から商品は国によってアメリカ仕様やフランス仕様などの型式法規制があり、販売・流通ルートも代理店にとっては必ずしも合理的ではなく、ユーザーの好みも異なっている。

これら小規模代理店への実務業務は商社に一括して依頼しているため、メーカーとしては問題点を直接把握することが難しく、地域全体の会議では欧米などの主要な市場に関する課題が中心となり、個別の小さなテーマは取り上げにくい。そこで1万台以下の販売規模の代理店による地域会議を主催してみたところ、大変な盛況となった。各代理店のプレゼンテーションは活き活きとしてユニークなもので、提起された個別の問題は他市場のオペレーションのヒントとなり改善のネタにもなった。代理店および日本側担当者がアピールしない限り、小規模市場の特性が議題に取り上げられることはなく何の改善もされない。全体的な大きなテーマで仕事が進む中で、**小規模市場の担当スタッフはたとえ小さな課題でもきちんと意見を伝え、政策決定者へ情報をインプットする義務がある。**

一方、うまくいかないこともあった。その一つが再販売問題だ。湾岸諸国にはそれぞれの国に独占販売権をもつ代理店があり、周辺国への車両の再輸出は契約上禁止されている。しかしながら歴史的な商習慣による国境を越えた取引も多く、代理店と関係の深いブローカーが関与している。そのため契約違反として取り締まることが事実

再輸出問題で2時間にわたる叱責に耐えた直後の著者と代理店長老

上不可能だ。

再輸出車両が大量に流入してくる代理店は、自分の商圏を侵犯されていることに強く怒り、私に苦情が殺到する。ある代理店の長老から呼び出され、2時間立ったままで説教されたこともあった。しかし、不思議なことに代理店同士は直接この問題を話し合わない。それは日本人以上に義理人情と面子(メンツ)にこだわるアラブ人気質があるからで、当事者間では傷つけ合わないようにしているのだ。

そのため湾岸諸国の代理店オーナー会議なるものを企画し、再輸出問題を話し合う場を設定した。湾岸諸国の代理店オーナーが同じテーブルにつくことは初めてだった。オーナー会議は前半がトヨタ側からの方針や商品に関するプレゼンテーション、後半は代理店のオーナー同士がアラビア語で自由に話し合う形式とした。日本人抜きで、オーナー同士がアラビア語で話し合うことで再輸出問題も改善されると考えたからだ。

いぶかしむオーナーたちを説き伏せて第1回会議を開いたとき、皆大変友好的な姿勢で臨み、これはうまくいくぞと内心思った。それが回数を重ねるうちに形式的になり、オーナー同士が本音の会話を交わさなくなった。皆の前で再輸出というやっかいな問題に触れたがらないのだ。

今日でもオーナー会議は継続しているが、再輸出問題は少しも解決していないと聞いている。当初からきめ細かいルールを決めて多少不都合があろうとも強引に管理することがよいのか、従来の商習慣を継承して代理店のモチベーションを高く保つのがよかったのか、いまだに迷っている。

独立パートナー

家族間・株主間での争い事や個別の問題点にもきめ細かく対応することでビジネスを超えた信頼関係を築く

政策パートナー～産業政策を司る現地政府関係者～

三つ目の政策パートナーは、その国の産業政策を司る政府関係者が主だ。オーストラリアの事業例で述べたように、**生産拠点のある新興国の政府とは常に緊密な関係を保ち、意見交換、政策協議を行ってきた。**これはトヨタという一民間企業であっても、その国への投資がトヨタのみならず関連する産業に幅広く影響し、雇用と経済活動に大きく関わるからである。また、トヨタの投資活動が日本の製造業投資の代表例として見なされ、外資導入政策の評価にもつながるからだ。ここでは、フィリピンのケースを紹介してみたい。

2000年初頭、フィリピンの自動車市場は8万台前後で、タイやインドネシアの急成長に比べて伸び悩んでいた。そこに12社のメーカーが現地生産を行い、輸入車も総市場の20%を占めるなど、現地に進出した自動車メーカーの事業環境は大変厳しいものがあった。トヨタはカローラを現地で5000台生産し、小型のヴィオスをタイから7000台輸入していた。1990年のASEAN域内分業の開始に対応して、マニュアルトランスミッションも10万基以上を生産・輸出していた。

その中で頭の痛い問題を三つ抱えていた。一つは労務問題だ。一部過激な労働者グループが過去数年にわたり争議を繰り返し、裁判所の仲介裁定にも従わなかった。このことがトヨタ本社での評判を悪くし、フィリピンへの追加投資を敬遠するムードが漂っていた。

二つ目は不正中古車輸入問題だ。日本の中古車は質が良いため海外に多く輸出されているが、現地生産を奨励している国は中古車輸入を原則禁止している。しかし、フィリピンには法の網の目をくぐって大量の中古車が輸入され、現地で生産される新車販売の大きな阻害要因となっていた。

そして三つ目は政府からの生産事業への支援の取りつけだ。小規模な市場で生産事業を行うことは量産効果が期待できず、関連部品産業も少ないためコスト低減も難しい。このままでは多くの企業がコスト優位なタイに投資を集中させ、フィリピンでの生産事業がますます困難になる。そこで、オーストラリアのような政府の支援策が必要だった。

これらの問題点を当時の大統領に訴えた。大統領とはそれまでにも数度個別に懇談する機会があったので、極めて友好的に実務問題を話し合うことができた。

「トヨタはフィリピンで長い歴史をもつ事業活動をしてきたが、この三つの問題で頭が痛い。このままだとタイにトヨタ本社の新規投資が集中してしまいます」

「状況は理解した。どこに問題があるのか調べてすぐに対応策を取る。トヨタのほうも今後の投資計画を前向きに検討してほしい」

「分かりました。1年後にまた、この課題の話し合いをしましょう」

その大統領は小柄な体にもかかわらず、とてもパワフルな指導力をもっていた。問題点をできる限り具体的に捉え、すぐにアクションを取ることで定評があった。お互いに宿題を抱える形となったが双方の目的は合致していた。フィリピンの自動車産業を活性化させるという一つのベクトルを共有していたのだ。

1年後に再会したとき、まず大統領が口火を切った。ガラガラ声で早口に。

「労働問題は関係する各団体に裁判所の裁定をしっかり守って行動するように徹底させたので、もう大きな問題にはならない。中古車問題は密輸が横行している五つの港に係員を常駐させ、厳しく管理する体制を整えたので心配することはない。政府支援についてはWTOのガイドラインに反することなく実施する方策を検討中で、そのため近々オーストラリアに調査団を派遣することを決めた」

このときの大統領は凜々しくも迫力があり、自信に満ちていた。

私は心から敬意を表し、お礼を申し上げるとともに、この1年間トヨタ社内で検討した事業計画を報告した。

「現在は販売台数の少ないカローラをフィリピンで生産し、販売台数の多いヴィオスをタイから輸入している。今後は多少の追加投資をしてヴィオスを今のカローラの倍の1万台以上生産し、カローラを輸入に切り替える。これにより輸出入バランスが改善され雇用も増える。またオートマチックトランスミッションを新規に生産する。これは大きな投資を伴うため貴国の経済に貢献するとともに、高度な技術を要するもので技術移転にもなると確信します」

このときの会談の充実感、満足感、達成感は私のビジネスマン生活の中でも特筆すべきものだった。大統領にとってはテーマのスケールこそ小さいが、私と似た感情を少なからず抱いたような表情だった。

政策パートナー

**生産拠点のある政府と常に緊密な関係を保ち
その国のためになる政策協議を行い
同じベクトルを向いて行動できるように心がける**

パートナーとの信頼関係づくり

これまで紹介してきた事例はパートナーとしての形は異なるものの、**将来の成長に向けて問題点を共有し、それぞれの立場でなすべきことを実行してきた。**同じベクトルを向いて行動をしているという信頼感が大切であるということを意味している。たとえすべての施策が計画通りに終了できなくとも問題は改善される。それこそがパートナーと言えるものだろう。

パートナーには人間関係、人脈が重要なことは言うまでもない。ただしこの領域に関しては、原則はあっても決まったマニュアルはない。また困ったことに、後任者など他の人にそのまま引き継ぐことも難しい。ここでは私の人脈づくりのために、横井さんが工夫したことを紹介してみたい。

私は1989年から6年間マレーシアに駐在し、93年には光栄にもセランゴール州から「ダト」という爵位をいただいた。イギリスの「サー」と同格と言われていることの爵位は、簡単にいただけるものではない。しかし、私にはある特別な事情があった。非礼な表現ではあるが、皇太子と兄弟のようなお付き合いをさせていただき、やがて王族の一員のように取り扱われたからだ。そのきっかけをつくってくれたのが横井さんだった。

私が赴任して1年が経過し、本社ショールームが大規模改装された。その開所式に主賓として光栄にも皇太子が来られることになり、トヨタから横井さんが代表として出席された。儀式終了後に二人は親しげに話をしていた。何を話していたのかと後に尋ねたところ、「皇太子はアンティークカーが大好きらしい。トヨタも自動車博物館をつくったので、その写真集をプレゼントすると言ったら大変喜ばれた。写真集は皇太子に直接ではなく岡部に送るから、お前が必ず手渡すように。日本にいる自分よりもこちらにいる岡部が皇太子と仲良くなることが重要だ。これをきっかけにしっかりと

王様の園遊会に招かれたこともあった

パイプをつくれよ」。当時の状況からすると、横井さんが直接送ることがまったく普通の流れであったのに、わざわざ私経由としてくれた。通常ではお会いできない皇太子でも、写真集を渡す名目で個人面接のアポイントを取ることができると見越したうえでの工夫だった。

今度は私自身が皇太子とのパイプをつくる番だ。写真集をお渡ししたことをきっかけに次々とアポイントを取り、ついには日本にも一緒に旅行するほどの立場を超えた親友となった。人脈を人に引き継ぐことは難しいが、単なる名刺交換のような触れ合いではなく先輩から与えられたご縁を大切にすれば、そこから新しい人間関係が生まれ、世代ごと、さらには組織間でのパートナーが継続、強化されるはずだ。

良いパートナーとの関係づくりの秘訣もまた、愛情、コンセンサス、信念だ。**異文化交流の中で相手を思いやり、分かり合おうとすること。そのための真のコミュニケーションと目標、問題点の共有化への努力。**そうすればきっとどんな国でも信頼関係を育める得難い味方と出会えるはずだ。

ここがポイント

「パートナー契約の文言を超えた全人格的触れ合いを目指すことで信頼関係が強化される」

第4章

新興国ビジネスの現場から学んだ12のポイント

本章では私自身の経験を通じて体得した、新興国ビジネスを成功へと導く考え方を12のポイントにまとめたい。

Point 1 現地社会と利害を共有できる、インサイダー化を目指そう

インサイダー（利害共有者）、これは現地社会とともに事業の成功を目指す際のキーワードで、サスティナブル（継続的）な事業展開をするための基本となる考え方だ。

しかし現実には、企業活動を拡張するうえでは事業の採算やコストを最優先するため、現地社会と利害を共有し続けるインサイダー化は容易なことではない。

私が以前駐在していたマレーシアは天然ゴムの世界的生産地であり、多くの外資が投資をしてゴム園を開発したが、コスト高によって生産拠点はインドネシアや周辺国

に移っていった。また、貿易摩擦や為替変動によるコスト高によって日本からマレーシアに生産拠点が移っていった家電製品は、さらに生産コストの安さを求めて中国や東南アジア周辺国に移っていくことになる。

このように、その国への投資が単に輸出拠点という視点だけでは、現地に根を張った市民権ある安定的な事業運営はできない。低い労賃や天然資源を目的とした一方通行の投資では経済植民地的な発想ともとられかねない。そこで大切なのは**現地社会から「徳のある企業」として評価を得られるように努力することだ。**雇用の確保、技術移転、新商品の導入、地産地消、現地化への推進、社会貢献活動等、いろいろなことが考えられる。そのときの状況により重視する領域は異なるが、発想の原点には、現地の特性や価値観を尊重し、異文化を受け入れ、融合させる懐の深さが求められる。

そして、**現地社会に興味をもち、好きになることだ。**私の場合、中国担当課長からいきなりまったく経験のないマレーシアに駐在となったことがある。馴染みのない不安な生活環境の中で、どうしたらマレーシアに親しみをもてるようになるか考えを巡らせた。その結果思いついたのが、中学生時代に夢中になっていた蝶々の採集だった。

マレーシアは熱帯雨林が多く、世界的に有名な蝶の生息地だ。蝶を追って各地に行

子供たちの笑顔が嬉しかった

くことで知識が増し、現地の人々も一目置いてくれるようになった。その国を好きになる秘訣は何か一つ得意なもの、興味あるものを見つけることだ。そして現地のあらゆる人と仲良くすることである。現地の人を批判したり、喧嘩しても何の得にもならない。**インサイダー化して現地の目線で物事を判断できるようになれば、今まで見えなかったものが見えてくる。**市場ニーズにマッチした商品企画、政府の方針との協調、良き人材による現地主体の事業展開……など、至るところにチャンスやヒントがある。

ここがポイント

現地社会に興味をもち、好きになり現地に根を張った「徳のある企業」と評価されるように努力する

Point 2 ビジネスだけにとどまらない、真のパートナーシップを築こう

繰り返しになるが、新興国の事業体は合弁形式が多い。それは現地政府の外資政策にもよるが、日本からはマネジメントが難しい現地固有の問題と付き合うための方策という面もある。

合弁形式ではパートナーとの出資比率が重要だが、法規制の他には比率に特別の決まり事はない。その国で事業をするためにパートナーに何を期待するかによって、ケース・バイ・ケースである。トヨタの場合、生産事業体はトヨタが多数資本、販売事業体は現地パートナーが多数資本というのが一般的な出資比率となっている。

生産事業は技術移転とともに輸出拠点ともなるので、トヨタのグローバルな生産計画とリンクすべくトヨタ主導であるべきだ。一方、販売事業体はその国の市場への営業活動なので現地主体のオペレーションとなる。ただし、どちらの事業体も人事、労

務や渉外活動はパートナーの役割が大きい。**出資比率以上に重要なことはパートナーとの信頼関係だ。**これは合弁パートナーに限らず、独立資本の取引パートナーや、その国の行政府との関係でも同じだ。合弁企業の発展、取引の拡大、産業の育成等、それぞれのパートナーとの目標が共有化されれば、双方の役割は異なるものの効果的な連携プレーができる。

トヨタには海外に176の代理店、54の生産事業体がある。それら全事業体のトップが夫人同伴で4年に一度集まり、トヨタグループ全体の方針を確認する会議がある。このイベントのもっとも重要な目的は本社と各事業体が一つのチームとして将来へのベクトルを合わせ、信頼関係を強化することにある。各国事業体は、トヨタグループ全体の方針を意識しながら、**現地における良き企業市民としての活動を展開する。**世界の隅々にまで広がるトヨタの事業体が、トヨタ車の商品のみならずグループ全体の企業イメージまでも高める努力をしてくれる。

また各国の事業体からの情報が、トヨタ本社としても事業を企画するうえで重要不可欠となっている。ただし、合弁事業は相手国の政策により、大きく影響を受けることもある。その国の政治体制にもよるが、共産圏との合弁は、時として出資比率に関係なく事業運営に悪影響を及ぼすことがあるからだ。経済活動が政治の道具に使われて、日本側の出資比率に応じた影響力さえも発揮できないときがあるので要注意だ。

ここがポイント

現地企業としっかりとした信頼関係を築き
効率的な連携を強化することは
商品はもちろん企業イメージまでも高めてくれる

Point 3 現地人材の育成とオペレーションの自立化が、立派な土台をつくる

日本の製造業の海外進出は、日本で製品化されているものを、コスト優先の観点から海外に生産拠点を移して生産することが一般的となっている。しかし生産拠点を複数の国に拡大すると、人材も含めた企業内リソース（資源）が逼迫（ひっぱく）し、円滑なオペレーションが困難となり、現地人材の育成や技術移転による現地部品の活用、効率的

な生産活動への改善など、コスト削減の基盤強化も難しくなってくる。また先進国の外食チェーン店のようなマニュアルによる一元管理もふさわしくない。

そこで**各事業体のオペレーションの現地化・自立化ということが大きなテーマとなってくる。**実績を積み重ねるうちに各事業体の実力も向上して自立化が進展する。このとき問題となってくるのが、日本と現地の役割分担、決裁権限の明確化だ。現地が頑張りすぎて勝手なことをやりすぎると、日本サイドから批判されかねない。

トヨタは、2007年に海外の自動車生産台数が国内生産を上回って以来、生産・販売の現地化が大きく進展してきた。世界中の事業体を地域ごとに統括する地域本部体制も整備されてきている。本社トップ—地域本部—各事業体間の意思決定・決裁権限も基本的なことは明文化されている。ただし、事業を推進するうえでは多種多様な案件が起こってくる。それらは明文化された領域であっても具体的な責任の所在が分からない場合が多い。

このような問題は関係部署間のチームワークやコミュニケーションでカバーすることになる。しかし、現地では日本の本社内の人脈ネットワークが乏しいためワンマン社長になったり、何も決められない社長というレッテルを貼られてしまうことがある。

幹部やスタッフレベルでは自分で意思決定することをためらい、いわゆる「指示待ち族」に甘んじてしまう。現地人幹部の登用が進みつつある昨今、**現地の人間にも分かりやすい透明性のあるルールづくりを心がけなければならない。**このことは現地人材の育成と、現地化を進める事業体に活力を生み出すうえで大変重要なことである。

また、海外事業体には本社から管理職が派遣され数年ごとに異動する。新しく赴任してきた管理職は新興国の特性をよく理解していないまま、往々にして上から目線で従来の仕事のスタイルを否定し、強引に改革を進めようとする。本人の仕事に対する責任感がそのようにさせるのであろうが、それでは長続きしない。現地の商習慣や人間関係などいろいろな要素が複雑に絡まって現在の仕事の形となっているので、理屈だけによる改革は不協和音と混乱を招きかねない。

新商品、新技術の導入や新規事業のスタートなどは本社が主導的立場で推進すべき領域で、現地事業体が独自ではできない。しかし、**オペレーショナルなことに関する改善活動や労務問題は、現地主導で対応できるように自立化を目指したほうがよい。**日本から現地事業体へ赴任した管理職は新たなことに取り組む際、その領域が本社主導で実施することが必須なのか、事業体独自で推進すべきなのかをよく理解する必要がある。いくら業務を改善しても現地サイドの納得がない限り、定着しない。

ニュージーランドの場合トヨタの１００％子会社であるが、当初から現地人を社長に起用した数少ない事業体だ。すでに述べたように、１９９０年代後半にニュージーランド政府の自由化政策の影響で、自動車の現地組立生産が困難となり、工場を閉鎖することとなった。これを受けて現地人の社長は、事業を継続するために事業内容の転換に挑んだ。工場閉鎖に伴う政府・業界へのロビー活動に加え、新規事業として日本から中古車を輸入し、新車の販売チャンネルに流すことを企画したのだ。

このような現地発のまったく新しい事業企画の立ち上げには大変な苦労があった。日本本社内でも批判的な意見が噴出したが、現地の社長は頑張った。日本の中古車の流通実態から販売ノウハウまでを事前に勉強し、ニュージーランド国内で下取りとして入荷する中古車とは別の、ハイグレードな中古車ブランドを立ち上げた。現地生産の商品がなくなる中で、これは営業スタッフの商品揃えのサポートとなった。また閉鎖する工場の組立ラインや塗装設備を、日本から輸入する中古車の整備・修復に活用し、多くの工場労働者へ仕事の場を提供した。さらに工場のトップ経営層を隣国のオーストラリアに再就職させた。

このように現地の人材を起用して新たな挑戦をしたニュージーランドでは、いまだにトヨタはナンバーワンを維持している。

ここがポイント

「現地スタッフにも分かりやすいルールづくりをして人材を育成し現地発の問題提起、発想・企画が生まれる環境をつくる」

Point 4 変化が激しい新興国では、想定外が日常と心得よう

成熟した市場は統計データのみならず多くの情報が入手できるので、精度の高い事業計画が可能だ。しかし、**新興国は入手できる情報が限られており、政治・経済情勢も流動的であることから現地ニーズの把握や市場の分析が困難である。**そのためにあらかじめ筋書きをつくり、それを裏付けることができるデータを集めて事業計画をつ

くらざるを得ない。しかも、変化が激しい新興国では、ややもすると計画時と異なった状況になる。そのときどきの目前の現象ばかりに気をとられ全体像を見失ってしまうことにもなりかねない。

市場動向のイレギュラー要因は分かりやすいが、トレンドやサイクル的動向は目には見えない。近視眼的に観察すると底を打っている状況でも、中長期で見れば潮の満ち引きのように、一過性の現象だ。また、市場動向の波には大小もある。新興国ビジネスでは成長の中にも山谷があると理解し、**流れの中で市場をつかむ視点**が大切だ。過去の趨勢（すうせい）と地域特性を理解したうえで目の前で起こっていることを評価し、将来の動向を見極める。そのときどきの変化に一喜一憂することなく、**現地現物、現地目線で実態を把握するとともに、市場の動向を時系列で分析し、事業推進の舵とりをする必要があるのだ。**

総じて新興国の経済や市場のトレンドは右肩上がりだが、例外もある。韓国への新規参入のケースでは、市場の特性を十分理解していないまま、バラ色の事業計画で準備したものの環境変化に対応できず、想定した成果が得られなかった。

韓国の自動車市場は、150万台を超える大きな市場だが、輸入車に対しては高い関税が掛かり、市場に占めるその割合は10％に満たない。2001年にレクサスブランドの販売を開始したところ、台数は少ないものの、現地ディーラーの収益性とユーザーからの高い評価を得ることができた。その後、輸入車は徐々に増加し、競合メーカーも業績が上向いていた。かつての日本のように外国からの輸入車は高級車としてのステイタスが定着していた。

そこで、レクサスとは別に独立した形でトヨタブランドとしてカローラを輸入販売する場合の採算性を試算したところ、台数・収益ともに大きな成果が期待できる見通しだった。その結果を部下が私の上司に報告したところ、「韓国メーカーは国内の収益性に支えられ、海外では安値攻勢をかけてトヨタの市場を侵食している。それにブレーキをかけるためにも、本拠地の韓国にトヨタブランドの投入を本格的に進め、韓国メーカーにダメージを与える必要がある。すぐに実行するように」。

早速、計画台数に見合った地区ごとの新規ディーラーが選定され、新規事業のスタートに向けた準備に取りかかった。2009年のことだった。ディーラーのオーナーは高収益が見込まれる新規事業とトヨタへの期待感から、レクサスを上回る大規模な設備投資を行った。

エジプトへのトヨタの進出に現地販売サイドの期待は高まる

だが、立ち上がりからの大規模投資に私は違和感をもった。インド事業の立ち上げのように小さく産んで大きく育てるという発想が欠けているように思え、数値データを除いて韓国市場を詳しく理解していない私には不安があった。しかし、トップの指示と現地サイドの意欲に抗して自分の意見を明確に表現することができなかった。

そんな最中、日韓関係が険悪な状態となり、トヨタブランドの車の販売は計画水準に達することができなくなった。ディーラーの投資回収も覚束ない状況が続き、事業計画の実現は困難だった。当初から一度にすべての投資をするのではなく、事業の進捗具合に対応してステップ・バイ・ステップで投資を行い、設備を拡充するような工夫をすべきであった。本部長としてそのことをしっかりと指導できなかったことに責任を感じている。

この経験を踏まえて、未進出のエジプトに生産投資を企画した。すでに、トヨタにとって未進出市場は限られている。エジプトは古代文明発祥の地で人口が8000万人以上、しかも中東一の知識層を抱えている。それにもかかわらず、不安定な政治情勢と厳しい外貨政策のため、自動車産業は未成熟。このような状態が長く続いている潜在市場のエジプトに生産投資を実行した。

現地政府の国産化基準に基づく部品調達や自動車の組立工場の確保などは、直接投資をせずに技術援助契約や委託生産方式とした。市場の潜在性は大きいが、政治情勢が不安定なため投資の保証に不安はある。したがって投資を極力抑えた計画とし、将来の足掛かりとしての事業計画を練り上げた。その後に起こった「アラブの春」以降、現地事業体は大変な苦労をしている。中東に平安な時が来ることを切に願うばかりだ。

ここがポイント

統計データがなく、環境の変化が激しい新興国ではときどきの変化に一喜一憂することなく市場の底流を探ることが重要

Point

新興国では即断即決が肝要だ

一般に事業を計画するときは、前提が変化するリスクも同時に考慮し、その対策を検討しておくことが求められる。しかし、それは前提の変化がある程度想定しうる成熟した市場の場合である。新興国では、その前提自体が常に変化することが普通だ。その対策を検討することは大変困難であり、現実的にはあまり意味をもたない。

変化は、リスクというよりも成長に向けてのプロセスなのだ。だから変化をあらかじめ想定して、その対策を検討することは大変困難であり、現実的にはあまり意味をもたない。

大切なことは、**事前の検討よりもいかに早くその変化に対応するかということ、そのための考え方の選択肢を蓄えておくことである。**それは、単に頭の中の整理だけでなく、雑学も含めた知識や関係機関とのパイプ、頼りになる人脈などだ。

変化の途上で完璧な対応策を検討している間にも、次の変化が起こりかねない。変化への対応で一番心がけなくてはいけないことは、**完璧な答えを導き出す努力よりもスピード感ある行動である。**成長の方向性を見誤ることなく、そのときどきで最善策を考え実行する。そして新たな変化や不都合が生じれば、リセットして次なる最善策を考えることだ。

1990年代後半に、アメリカの金融政策によりアジア各国から資金が流出し、ASEAN各国は通貨危機に陥った。市場は極端に低迷して、進出している自動車メーカー各社は大量の在庫を抱えることになった。ASEANナンバーワンのトヨタがもっとも大きな被害を受けるところだったが、他社に先がけた日本への素早いオーダーカットと生産台数の調整によりこの危機を乗りきった。しかも、余剰労働者を改善活動を実践するスタッフに振り替えたり、集中的な技能研修を実施し日本のトヨタの工場にも多くのワーカーを研修員として送り込んだ。これら一連の対策は現地の窮状を理解したトヨタグループの即断即決の賜物だった。

トヨタの元会長の奥田さんがかつて経団連の会長をしていたとき、「昨今、アメリカ式レイオフという言葉がよく話題になるが、一見合理的な経営立て直し策かもしれないけれど、これでは安定的な企業運営・労使協調は実現しない。経営者はもっと頭を使って工夫ある経営をすべきだ」と言っていた。私もまったく同感だ。

ここがポイント

新興国の変化は成長へのプロセス。変化への対応で心がけるべきことは完璧な対応ではなくスピード感

Point 6 新興国での事業は本社トップの関心とサポート体制が重要

新興国で事業を進める中では未経験のことがたくさん起こる。道なき道を進むが如しで大変苦労する。

山岳部に所属した高校・大学時代には、自分がいまだ挑んでいない山や登山ルートを見つけては次の目標にしていた。しかし、そのほとんどは事前に情報が入手でき、必要な装備が整えられる。大きな岩場であってもそこには先達（せんだつ）のたどった痕跡がある。

困難なルートを切り拓いた先達の挑戦魂に感心させられたものだ。

不屈の精神で試行錯誤を繰り返し、難所を開拓したであろうその姿は、新興国で事業を推進することと通じるものがある。そしてこの困難な仕事をやり遂げるには本人の努力とともにそれを支えるサポート体制が不可欠だ。登山は個人の意思による行動だが、仕事は組織的取り組みであり、トップの指示で事業展開する場合が多い。トップ以下のサポート体制がしっかりしていないと現場での苦労が評価されず、モチベーションが上がらない。

環境が厳しいインドの場合などは、仕事がうまく進まないと、現地に駐在する日本人幹部がその原因をきちんと整理してまるで言い訳のように日本に報告する。しかし、これでは何の問題解決にもならない。ある成功している会社では、トップみずから現地に頻繁に出向いているため、現地幹部は言い訳が通用せず、常に前向きの対応を迫られる。結果的に問題は解決される。

トップは己が任命した現地幹部がもっとも仕事を進めやすい環境をつくることが重要だ。「イエスマン」や「指示待ち族」ではなく与えられた使命をやりきる気概のある人物を送り込めば、期待を上回る成果を上げるだろう。**新興国でのマネジメントは管**

理に走らず、現場に目標を明確に与えたら、あとは方法論を含め信じて任せることだ。

ここがポイント

想定外の問題が次々に起こる新興国では本社トップが現地の声に耳を傾けサポート体制を構築することが不可欠

Point 7 新興国に拮抗しうる異端児たれ

経営方針や事業戦略は、重要な課題に焦点を当てて決定される。これは当然のことだが、課題にも注意を怠ってはいけない。それらがやがては市民革命のように大きなうねりとなり、問題が拡散することもあるからだ。

韓国車との競争でそれは実際に起こった。円高により輸出競争力が弱まった日本車に対抗し、新興国市場で韓国車が大攻勢をかけてきたのである。初めは小規模市場への進出で、低価格販売により台数を急速に伸ばしてきた。そこでトヨタの代理店からは、早急な対策をとってほしいとの悲鳴のような要望が寄せられたが、当時のトヨタ本社は、「小規模市場の問題であり、品質レベルのまったく違う韓国車と比較することはナンセンスだ」と、対策に本腰を入れなかった。それは、韓国車がかつて北米へ初めて完成車輸出をしたときの失敗を知っていたからだった。韓国車は日本車に比べ、はるかに低価格であったために、進出直後には販売台数を急拡大させた。しかし、2～3年も経つとまったく売れなくなってしまった。その原因は低い品質レベルにあった。

ところがその後、韓国メーカーは販売・サービス体制のノウハウを蓄積し、小規模市場や日本車が手薄な市場に狙いをつけ、再び輸出台数を拡大させてきた。そしてトヨタ本社が対策を講じないでいるうちに、トヨタの主要な市場である中近東、オーストラリアやアジア諸国にも本格進出して、それなりの事業基盤を築き上げ、トヨタにとっても大きな脅威となるに至ったのだ。

概して新興国の市場は欧米に比べて小さく、それぞれ特性をもっている。海外地域全体の会議では、主要国の課題は中心的議題となるが、小さな市場の特性にまで議論が及ぶことは少ない。それゆえに、新興国、とりわけ小さな市場を担当している者は、機会があるごとにその市場の特性を説明するよう心がけるべきだ。全体からすればあまりにも個別の問題であっても、その情報が提起されない限り組織の中にインプットされることはない。〝長い物には巻かれろ〟という日和見的精神ではなく、**異端児であることを恐れずに事実を堂々と主張する気概が大切だ。**

ビジネスインフラが未整備の新興国を担当することは苦労が多い。しかも、従来はエリートコースから外れているという印象が強かった。しかし、**小さい国のオペレーションは全体像を把握しやすく、マネジメントのOJTとして人材育成にはとても良い修業の場である。**本社サイドはそのような観点から新興国、特に現地で頑張っている者には、誰にでも分かるような「えこひいき」人事をすることがあってもよい。担当者の苦労が報われれば、モチベーションも上がり人材育成にもなる。しかも、組織内で「新興国担当でも出世の近道となる」と見なされ、人材も集まる。

ここがポイント

神の手は細部にあり。
小さな市場を担当することは
オペレーションの全体像を把握できる修業の機会

Point 8 世代ごとに、地域や個別領域の専門家を育てておこう

成熟した地域の事業は標準化しやすく、マニュアル化して改善・効率化することが重要である。したがって海外駐在員の交代時には業務の引き継ぎをきちんとする必要がある。

しかし新興国では環境が安定しておらず、想定外の変化が日常茶飯事のため、変化への素早い対応、問題解決への行動をとることがより重要となる。基本的な業務マニュアルはきちんと整備すべきだが、それは引き継ぎ情報の一部に過ぎないことを認識しておかなければならない。

昨今は、インターネットの検索により知りたいことが容易に入手できる。だが、インターネットでの情報入手は単に知識を「知る」だけである。その**知識を他人に論理的に説明できたら「理解」したことになる。さらにそれを行動で実践できたら「身に**

ついた」ことになる。新興国ではやってみないと分からないことが多く、それを繰り返すことで問題解決への対処の方法が身についてくる。

問題を解決したいという情熱と行動力がもっとも重要で、知識や頭脳・体力などはそのための道具なのだ。問題を解決したいという目的が明確にあれば、必要な道具は努力して身につければよい。

部下に対して「課題とそのアウトプットとしての成果」をミッションとして与えても、具体的な方法論をこまごまと指示する必要はない。**部下が努力と創意工夫をするチャンスをできるだけ与える**ことが、遠回りのようではあっても人材育成にとって大切なプロセスだ。

また一方で、**良き先輩の助言や知見をノウハウとして継承できるように、世代ごとに地域や個別領域の専門家を育てることも重要だ。**大手の企業では人事異動により担当がよく替わる。しかし、海外のパートナーはほとんど替わらない。人事異動によりせっかく先達が築いてきたビジネス関係が途切れては困る。そのためにノウハウの継承を組織の上下関係でカバーする必要がある。

ここで重複になるが、**新興国向けの人材の要素**を抜き出してみたい。

①問題解決型の思考、行動ができる。
②現地を尊重し、異文化との融合を果たせる。
③時系列で物事を見通せる。
④異端児たることを恐れない自立心をもてる。
⑤〝明るく楽しく元気よく〟をモットーとする。

ここがポイント

新興国の事業はマニュアル化が難しいため
先輩の助言や知見をノウハウとして
継承できるようにしておくことが重要

Point 9 プロセスを共有することが真のコミュニケーション

現地のパートナーやスタッフとのコミュニケーションが重要なことは誰でも分かっ

ているが、どこでどのようにするかが問題だ。

第2章で紹介したアジア地域の統括会社TMAPは設立当初から、日本人駐在員よりもはるかに多くの現地人スタッフを採用した。まずは庶務的な事務作業を担当してもらったが、1年経っても2年経っても仕事の質が上がらない。日本人が担当する業務の一部を任せたくとも、そのレベルまで成長しないので困っているとのことだった。実態を詳しく調べてみると、現地人スタッフは自分の担当している仕事の流れや仕組みへの理解が不足していること、また主要な会議が日本人だけで行われていることが大きな原因と思えた。

そこで、英語によるコミュニケーションをよく行うよう指示した。すると日本人駐在員は、日本人会議で決まった方針を流暢な英語で丁寧に現地の人に説明しだした。しかし、これは知識・情報の伝達であってコミュニケーションの一部でしかない。

大切なのは、関係する会議に共に参加し、結論に至るまでのプロセスを共有させることだ。**共に悩み、共に行動することが真のコミュニケーションと言える。その中から仲間意識が芽生え、良いチームワークが出来上がる。**受け身になりがちな現地スタッフも事業全体への理解が進み、みずから考える意識が強まる。

昨今は、外国人役員の登用が増えている。しかし、多くの外国人は日本企業の中で、共に悩むというコミュニケーションの経験が少ない。そのため日本企業の幹部として組織の中に入っても苦労しているケースが多いようだ。

まして新興国全体に関わる業務では、本来の実力を発揮できずに不本意な評価をされることにもなりかねないケースが多いようだ。しかし、真のコミュニケーションをとることができれば、友人はたくさんでき、インサイダー化することも容易となる。仕事でもプライベートでも、同じ土俵、同じ目線で経験を重ねるほど信頼と友情が生まれる。現役を去った今でも、私のところには当時の多くのパートナーから公私にわたりコンタクトがあり、私なりのコミュニケーションで交流している。

ここがポイント

結論に至るまでのプロセスを共に悩み共に行動することによって良いチームワークができ事業全体への理解が進む

Point 10
ビジネス上の交渉に勝ち負けはない。義をもって臨め

ビジネスにおける交渉事はいろいろな局面で発生し、これに関しては多くの指導書が出版されている。一般に交渉というと相手を理論的に論破するディベートのようにその成果を勝ち負けで評価する印象が強い。しかし実際の交渉事は相手と共通する課題である場合が多く、勝った負けたという判断より、双方のギャップを埋めるためにお互いがどこまで歩み寄ることができたかがポイントである。しかもその方法論は、テーマや状況によってさまざまで、決まったものはない。

ただし、私の経験から二つの原則があると言える。「目的を明確にし、それに大義をもたせること」「あらかじめ相手の状況を把握し、幅をもった落としどころを決めておくこと」だ。

ここでいう大義とは、**一方的な利害ではなく、双方の共通の目的、さらには社会の**

ためになるという大義名分である。義をもって臨んだ交渉で成果を得られなかったことは記憶にない。特に自動車産業政策では、フィリピン、オーストラリア、インドネシアなどの政府首脳とウイン・ウインの結果を導き出せた。

また、トヨタ退職後ことだが、2014年春、友人であるアラブ首長国連邦の王族から日本のコンビニを導入する仲介を頼まれ、日本と中近東との交流を促進させるという大義名分で、関係者の賛同を得ることができた。日本のコンビニは、食の安全、マーケティング、在庫管理、物流、利便さなど日本のサービス産業のノウハウが結集されたものであり、収益性としてのビジネス以上に日本の経済文化の技術移転になる。現地の1号店のオープニングには安倍首相から祝電をいただいた。

交渉事であるからには双方の間に隔たりがあり、しかも、相手が一歩も譲らない場合もある。特に1990年代から2010年頃までの円高時には輸出価格交渉が最大のテーマであった。現地代理店がどこまで値上げに耐えることができるか、トヨタ本体が為替のマイナスをどこまで吸収できるかを想定して双方への交渉にあたる。落としどころの範囲内に話がまとまらなくてサジを投げかけたり、妥協したくなることは常だ。**安易な道を選ぶのは楽だが、それでは成長はない。**ここが頑張りどころ、知恵の出しどころである。まさに己への挑戦で、汝の敵は己の心の中にあると言える。

相手の様子がまったく分からないときもある。中近東の担当になったとき、横井さんからある国のオーナーは気難しいからすぐに挨拶に行けと言われた。そのオーナーは言語も不明瞭で、魔法使いのようなイメージ。名刺交換の後どうしていいのか分からない。とっさに思いついたのが、面談中に3回笑わせて自分を印象づけようということだった。私は必死にギャグを繰り出した。その後同じ土俵で仕事をするための『交渉』は見事成功した。

ここがポイント

利害の異なる相手と合意に向かって努力することは自己自身への挑戦である

Point 11 アフターサービスを含めたマーケティング体制が勝負の分かれ道

私は世界70以上の国と地域に出張してきたが、どこでもトヨタの商品競争力は高く評価されていた。

品質面では性能、使いやすさ、故障のなさが評価基準となるが、いまや各メーカーとも品質向上が目覚ましく、通常の使用状況では品質差がほとんど目立たなくなってきた。しかし、熱帯ジャングルや砂漠地方などの厳しい使用環境では信頼性あるトヨタ車が高く評価され、圧倒的な市場占拠率を保持している。命懸けで任務にあたるサウジアラビアの国境警備隊や、世界の観光客を魅了するドバイの砂漠ツアーに使われる車は95％以上がトヨタの四輪駆動車だ。品質レベルが世界のトップクラスであることは誰もが認める事実と言える。

一方、価格についての評価は人により異なる。通常では新車の店頭購入価格が話題になるが、修理費などのメンテナンスコストと代替時の下取り価格も十分に考慮されるべき要素だ。トヨタ車は高い品質基準を確保しているため、新車価格は競合車に比べ若干高いと言われているが、メンテナンスコストと下取り価格は、日本のみならずどこの市場でも圧倒的に優位な評価を得ている。特にアフリカ、中南米など多くの新興国ではトヨタの中古車は高い人気を誇り、日本からの中古車輸出ルートが中古車業者によって新車同様にしっかりと確立されている。

商品競争力で忘れてはならない要素が、アフターサービスを含めたマーケティング体制だ。仮に品質と価格だけで商品の競争力が決まるのであれば、自動車各メーカーの市場占拠率は市場による大きな違いはないはずだ。

しかし、実際には市場によってメーカーの占拠率は大きく異なる。それは各市場の代理店の販売力・サービス体制の実力差から生じる。営業拠点や広告、そして人材面への投資は販売力強化に不可欠なものだが、補給部品・アフターサービス面への投資も大変重要だ。ユーザーと直接コンタクトする現場でのマーケティング力が販売実績に直結することになる。

商品の競争力・ブランド力を中長期的に強化するためには、お客様の満足度を高めることが大変重要だ。そのためには、メーカーサイドの**品質の向上と販売サイドのマーケティング体制の強化を両輪として向上させる必要がある。**幸いなことにトヨタの新興国の代理店は、マーケティングの先進ノウハウを積極的に取り入れ、高い成果を上げている。

ここがポイント

商品の競争力は品質、価格、マーケティングの相対比較。お客様満足度の向上が勝負だ

Point 12 新興国への対応は、忍耐とぶれないヴィジョンが大切だ

すでに述べてきたように、新興国は多様な個性をもっている。その対応に際しては事業形態により異なるが、文化・宗教・民族の違いにも配慮せねばならない。柔和な

アジアは上から目線でなく友達付き合い、中近東は面子と義理人情を念頭に、歴史あるインドは血筋と地域性、ラテン中南米は仲間意識で盛り上げる。食事についても多人数の会食では頭が痛い。イスラム、ヒンズー、それにベジタリアン。したがって、ビュッフェ形式や炉端焼きが好まれる。

また、新興国の発展のプロセスも歴史や地政学的条件で異なる。今から40年前に平社員で海外市場を分析していた頃は、世界の市場区分は欧米の「先進国」、東欧と中南米の「中進国」、アジア・アフリカの「後進国」という分類だった。対外的な交流のなかった中国・インドは分類外。

それが今日では、アジアは脚光を浴びる成長市場となり、政治的に不安定な東欧と経済の山谷が激しい中南米は当時の評価より後退し、潜在市場の中国とインドがその成長速度から脚光を浴びてきている。

どの新興国も国力と経済基盤が弱いため変化は激しいが、そのときどきでその市場性を決めつけることは得策とは言えない。その特性をしっかりと認識して、**目前の状況だけで判断することなく、想定される将来のヴィジョンに向けてぶれることのない忍耐力をもつことが必要だ。**

その支えとなるのは、個々人の努力とともに、組織的なバックアップ体制だ。変化ある市場に取り組む中で、将来の可能性に向けて責任ある組織が認知されていれば、知識・ノウハウの伝承が行われ、変化の波にうまく対応でき、事業の歴史を築き上げることができる。

大変乱暴な表現かもしれないが、私の経験から、新興国への製造業投資に関して地域別に求められる対応姿勢を一言で述べてみる。

アジアは農耕文化を背景に、地道に基本動作を積み重ねれば必ず実りを収穫できる。不安定要素の多い中南米は儲けられるときに儲けて、あとは耐えて次のチャンスを待つ。対外依存度の高い中近東・アフリカは、資源・サービス関連以外は周辺産業が未成熟で困難。インドは労多く時間がかかるが、バランスある成長を期待できる。巨大市場中国は将来の政策が不透明なので、社運を賭ける投資は危険だと認識すること。

ここがポイント

目前の状況だけでの判断ではなく
長期的視点に立ったヴィジョンと忍耐力があってこそ
新興国市場の成長を享受できる

第5章

パイオニアワークの原点は、ヒマラヤにあった

本書の読者にはこれから社会に出るという人も多いはず。本章では私のパイオニアワークの原点を紹介させてほしい。

ここまで読んできて、岡部はトヨタという看板があるから活躍できたのでは？と思う人もいるかもしれない。たしかに、正直に振り返ればそういった面は否めない。トヨタという看板だけではなく上司、同僚、仲間たちにも大変恵まれていた。しかし、一方で、トヨタでは異色のキャラクターとよく言われたが、歩きながら考えるという思考回路が活路を開いてくれた面も大きいと思っている。目の前の課題を自分の足で切り拓いてみたいという体育会系行動派の本能みたいなものが己の中にあるからだ。この本能は学生時代の登山、特に大学5年生で体験したヒマラヤ山村でのボランティア活動で芽生えたものだ。本章ではその体験を綴りたい。

看板がなくても、しっかりした組織がなくても、若く未熟であっても、問題を解決したいという意志が強ければ、人はこれだけのことができる。若い読者に人生は可能性に満ちていることを伝えたい。

ネパールの山村に無動力ロープウェイと水道を導入する

毎年ヒマラヤに日本から数多くの遠征隊が送られるようになって、ネパールの奥地へ足を踏み入れる日本人も増えてきた。しかし、その多くの人たちの目が釘づけになるのは白く輝く山の頂であって、彼の地で出会うネパール人やその貧しい生活に目を留めることは少ない。

私の学生時代、我が東京工業大学山岳部も、ここシーカ村の北方にそびえるアンナプルナ南峰（7219メートル）を目指すべく、まず偵察隊を繰り出した。1970年秋のことである。だが、私たちには山頂のほかにもう一つ目指すべきものがあった。それが「ネパール山村に無動力ロープウェイと水道を導入する」というプロジェクトだ。

1963年から64年にかけて、川喜田二郎先生が日本民族学協会（現日本文化人類学会）主催の第三次東南アジア稲作民族総合調査団長として中部ネパールのシーカ村に滞在、調査研究しているとき、「人口過剰にあえぎ、経済発展も絶望視されている山地部をどうしたら救えるだろうか」と、村の人と討論を重ねた結果生まれたアイディアが、鉄線を使って重力だけで荷を下ろす無動力ロープウェイの架設だった。

ヒマラヤの王国ネパールは、そのほとんどが山に覆われている。当時多くの山村は電気も自動車道路もなく、尾根の上に家をつくり、段々畑と牧草地をその上下につくって経済的にも貧しい生活を営んでいた。村人は遠く離れたジャングルまで草刈りやたきぎ取りに出かけたり、肥料にする牛糞を拾い集めたり、水汲み、畑の往復など、労働の半分を運搬に使っていた。

そしてこうした山地生活によって苛酷なまでの激しい肉体労働を強いられるわりには、生産規模が限られるために収入もわずかであった。多くの働き手がイギリス軍傘下のグルカ兵（山岳民族出身者からつくられる戦闘集団）となったり、インドに出稼ぎに行ったりして仕送りをしているが、それにも限界がある。

この地に安価で、かつ現地人にも維持できる無動力ロープウェイを導入すれば、畑の生産は2倍を超えるだろうという見通しがあった。村の生活が豊かになるとともに、技術教育としても役立つに違いない。我々ボランティアが十分な調査をし、現地のニーズを忠実に生かした援助活動をすることは、技術協力のあり方、その哲学を確立し実証する一助にもなるのではないか、というのが川喜田先生のもう一つの狙いでもあった。

また、ネパールでは都市部を除いて水道設備は皆無だ。山村では、近くの小川や泉へ銅でできた壺を背負って水汲みに行くのだ。特にシーカ村は、地層が地滑りの起こりやすい逆層の斜面に集落が位置している。そのため村人は、村の上部を斜めに流れる川から水路を切り拓けない。地層を切れば、そこから地滑りが起こる可能性があるからだ。「水道があれば、水汲みが大変助かるのだが……」と村人は訴えていた。

ヒマラヤに水道が普及すれば、食器や手足を洗う回数が増え、また悪い水を飲まなくてもすむので公衆衛生の状態が飛躍的に向上するだろう。朝夕の水汲みから解放され、子供は小学校へ行けるようになり、女性は新しい労働力となる。農業用水も確保されるので畑の増産となる。植林が容易となるし、荒地の開墾も可能となろう。その他多くの波及効果が得られる。水道建設および管理は共同事業なので、村人の団結力も強くなるだろう。

もし、簡単な塩化ビニールパイプによる水路がヒマラヤの山村で建設可能なら、ネパール全域に普及させることができる。深く地層を切らなくてすむし、軽くて丈夫。

施工も簡単だ。山地での資材輸送が大変だろうが、それを除けば、ヒマラヤにはぴったりのしろものだ。こうして、シーカ・プロジェクトに無動力ロープウェイだけではなく、水道建設も加わった。

東京工業大学の学園紛争が収まった1970年、プロジェクトを実施するチャンスが突然やって来た。東工大山岳部のヒマラヤ登山遠征計画がネパール政府に認可された。目指す山はシーカ村の北にそびえ立つアンナプルナ南峰である。山岳部の仲間は「工業大学として特色のある遠征を計画しよう」「登山のためだけにヒマラヤへ行くのではなく、何か恩返しをしよう」。そう言って、皆このプロジェクトを遠征計画に入れることに賛成してくれた。結局、登山活動終了後に、私、岡部聰（22歳）と種村繁樹（25歳）、永田三郎（22歳）、白砂健（22歳）の4隊員がシーカ村で水道と無動力ロープウェイの建設を行うこととなった。限られた時間の中で、我々はプロジェクトの準備に奔走した。

ロープウェイは、荷物の牽引にワイヤーロープを使用したブレーキ付きのものを建設することにした。ただし、我々隊員は建設技術をまったく知らない。そこで静岡でみかん山向けにロープウェイ架設をしている会社で建設技術の実習をした。専門のベテラン技術者は、わずか2日で我々をにわか技術者に仕立ててくれた。さらに建設に必要な資材も全面的に援助してもらうことになった。

水道計画については、塩化ビニールパイプの施工そのものは比較的容易だった。施工技術習得のため実習に行った三菱樹脂から、水道計画の資材のすべてを寄贈してもらった。このようにして、具体的プランニング、資材、資金調達は着々と進んでいった。

以下に当時の行動を記録に基づき述べてみたい。

遠征の出発準備に奔走しだした6月15日、先発として私は単身ネパールへ出発した。目的は、ネパール政府の登山許可取りつけとともに、シーカ・プロジェクト計画の許可および、それに対する資材の無税輸入措置の認可だ。この許認可交渉は計画実行準備の総仕上げとなる。登山許可についてはネパール政府の外務省を窓口とすればよいが、シーカ・プロジェクトはどこを窓口として交渉したらよいのか分からなかった。さらに資材輸入の無税措置認可は前例がないと聞いている。

ネパールのためになるものを善意で持っていっても、すべて輸入税がかけられてしまうのだ。我々が無税措置の認可をもらえる可能性はほとんどない。しかし、シーカ・プロジェクトの資材を無税にすることは、単に経費の削減ということではない。煩雑な通関手続きを簡単にすることができ、無税措置をネパール政府の責任において認可することは、ネパール政府自体が計画成功のために主体的に参画することを意味する。

憧れの地、ネパールの首都カトマンズに着いた私は、ポカラから奥地の中部ネパールの実力者、インドラマン・セルチャン氏、ゴビンダマン・セルチャン氏の温かく力強い協力を得た。この二人とも、1958年以来川喜田先生が親しく交わってきた友人である。政府の要人に対する二人の幅広い人間関係により、複雑で面倒な許認可交渉を効率よく進めることができた。もし二人のセルチャン氏の協力がなかったら、私はどこで何を交渉したらよいのかまったく分からなかっただろう。

シーカ・プロジェクトの資材の無税措置認可に対する交渉は非常に複雑だった。この問題について、私はまず計画の目的と経緯について担当窓口の商務省に執拗なまでに説明しなくてはならなかった。

ようやくのこと計画の概要を理解した商務省の事務官は、「無税認可の手続きは面倒で大変だ。あなたがあちこち走り回ったのでは、いつ認可がもらえるか分からない。我々が税関から認可を取りつけてやろう」と言って、我々がすべき仕事を快く代行してくれたのである。私は無税措置の申請書と資材リストを商務省に出すだけでよかった。

私の手元にすべての許可書が揃うまでに4週間がかかった。しかし、商務省に計画を分かってもらうまでの困難を考えると、ネパール政府との折衝は極めてスピーディーだったと言えよう。

ポーターも逃げ出すほど困難を極めた資材の輸送

計画実行の準備はすべて整った。7月24日、遠征資材を積んだ貨物船アミカ丸が千葉港を出港し、インドへ向かった。資材はカルカッタ（現コルカタ）港で陸揚げされ、そこからネパールへ運ばれることになっている。輸送担当の永田も8月4日にカルカッタにやって来た。私はネパールを一旦離れ、カルカッタで永田と合流した。

カルカッタでは労働者の大規模なデモが毎日繰り広げられており、港はストライキにより閉鎖状態であった。そのため、我々の資材はカルカッタの南400キロメートルにある鉄鉱石積出港パラディープに陸揚げされることになった。これは輸送、通関手続き上とても面倒なことだ。保税措置をとり、役人立ち会いのもとにパラディープから陸路でカルカッタまで運ばなくてはならないからだ。

そこでインドのお役所仕事に不慣れな永田と私のために、知人の紹介で、インド人ビジネスマン、ジャラ氏が手助けしてくれることになった。彼は我々の仕事をてきぱきと処理し、一段落すると自腹を切って酒をごちそうしてくれた。もし彼の手助けがなければ、インド国内の輸送は極めて困難なものになっていただろう。

全隊員と資材がカトマンズに集結したのは8月28日だった。

そして我々は資材とともにチャーター機でカトマンズを後にした。飛行機の窓からヒマラヤの高峰が、白い城壁のように連なっているのが見える。これがヒマラヤだ。ガネッシュヒマール、マナスル、そして目指すアンナプルナヒマール。あの麓のあたりがシーカ村だろう。

　やがて、飛行機は山の間を縫うようにして、砂利で整備されたポカラの滑走路にたどり着いた。ポカラの街は明るくにぎやかで中世のバザールを想わせる。また、バナナや亜熱帯の木立の間から見上げる純白のアンナプルナは一日中見ていても飽きることがない。特にマチャプチャレ（「魚の尾」と呼ばれる山）の雄姿は朝に夕にカメラのシャッターを押させる。

　資材はポカラ以遠すべてポーター（荷物運搬人）に背負われて運ばれる。しかし、ポカラ周辺のポーターは外国人ずれしていて、我々の思うように動いてくれないと聞いている。また、農繁期のため人手が集まりにくいとのことだ。我々は、川喜田先生の古い友人でポカラ周辺の実力者であるアムリット・プラサッド・セルチャン氏にポーターの手配を依頼した。彼はみずから「ポカラの王者だ」と豪語するだけあって、必要なポーターを集めてくれた。

　登山装備はポーターが背負いやすいように、一つが30キログラム前後の段ボール箱に詰めてある。しかし、ロープウェイの鉄線やワイヤーロープおよび長さ4メートルもある塩化ビニールパイプの輸送は、日本を出発するときから心配の種だった。鉄線は一つが70キログラムもある。これらの荷は、チップをはずんで輸送のプロフェッショナル（ビジネスポーター）に一任した。彼らはロープウェイの資材に関しては、傷一つ付けることなく無事シーカ村まで輸送してくれた。

しかし塩化ビニールパイプの輸送については、ポカラから1時間も歩かないうちに荷を投げ出し、彼らは帰ってしまった。パイプの輸送を担当した白砂は途方に暮れてしまった。1本が4メートルもあるパイプの輸送は二人で両端を持って運ばなくてはならない。「ジグザグの山道になったら、とても運べるものではない」と彼らは判断したに違いない。ポーターは二人一組で荷を運ぶことに不慣れであり、肉体的にも精神的にも大変消耗する。白砂はパイプ輸送が大変なことは承知のうえで、セルチャン氏の力により、ぜひもう一度良いポーターを雇ってもらおうと思っていた。

一方、私はセルチャン氏の仲介により、ポカラでシーカ村の代表者と会い、我々の計画を説明した。そして、資材輸送および建設工事の協力について、村全体に説明するため、私は村の代表者とともに一足先にシーカ村へ出発することになった。

ネパールに来て以来やっと、ヒマラヤの懐に入り込むことができる。私はこれから始まる旅行に期待と好奇心いっぱいで、何よりも幸せだった。道はロバが通れるように、石できれいに手入れされている。民家もスレート石などをうまく利用してつくられている。棚田には稲がぎっしり植えられている。

街道の茶屋でネパール茶を飲みながら辺りを見回していると、日本の山村にでもいる錯覚に襲われる。まったくのどかだ。しかしモンスーンによる雨水のため至る所に小川ができ、山ヒルがたくさんいるのだ。一休みするたびに、足の周りに付いている十数匹のヒルを見るとぎょっとする。

ポカラから二日半でシーカ村に着いた。同行した村の代表者が私のことを話すと、村人は「川喜田の友達よ、やっと来てくれたのか。私たちはずっと待っていたのだ」と言って、盛んに話しかけてきた。私は村人が勧めてくれたトウモロコシをかじりながら「来てほんとによかった」と思うと同時に、これからすることのもつ重要性・重大性を肌で感じ、ふいに恐ろしくなった。

やがて、村議会のスタッフが全員集まり、私との話し合いが始まった。無動力ロープウェイや水道の写真をもとに計画を説明すると、彼らの視線は写真に集中していった。計画の概要を理解した彼らは、全面的な協力を約束してくれたのである。そして、早速ポカラからの資材輸送のために27人の若者が選ばれた。黒く日焼けした若者は見るからに頼もしい。彼らは村人の盛大な見送りを受けてポカラへ出発した。

そしてビニールパイプ輸送のビジネスポーターに逃げ出され、白砂が困り果てているちょうどそのとき、シーカ村の若者がポカラに着いたのである。白砂は歓喜した。救援に駆けつけてくれたシーカ村の若者は、輸送技術についてはビジネスポーターより劣るかもしれぬが、「パイプをシーカ村に運ぼう」という情熱にかけては誰にも負けない。彼らは二人一組で運びやすいように梱包し直し、パイプが途中で破損しないように、ボロ布をたくさん集めてきてはパイプの端に巻き付けた。

いよいよ困難なパイプ輸送が始まった。しかしこれは、想像を超えた厳しいものだったらしい。ネパールの街道は山地でもずっと石が敷きつめてあって、誰もが通る道の中央部の石は角が滑らかにすり減っているが、道の両端の石の角は砕いたままの鋭さが残っている。ジグザグ道では、彼らは素足をその鋭い石の角に乗せざるを得なかった。そのため白砂は輸送の指揮をとるとともに、続出するけが人の手当てに駆けずり回らなければならなかったのだ。

登山目標であるアンナプルナ南峰の西面へ向かう途中にシーカ村がある。シーカ村に運ばれた荷物は、登山用とシーカ・プロジェクト用に分けられ、シーカ・プロジェクト用資材は登山活動が無事に終了するまで保管してもらうことになった。石と材木でつくられた、雨漏りがなく換気の良い立派な村の倉庫に資材は保管された。

雨期がまだ明けない9月12日、我々は登山活動のために、アンナプルナ南峰へとシーカ村を後にした。

アンナプルナ南峰登山を終えて、いよいよ工事の開始

ヒマラヤの高峰にジェット気流が吹き始めた。1970年11月16日、隊員4人は登山活動を終えてシーカ村に結集した。村の中は我々の噂でもちきりで、小学生は花束、女性は卵や野菜を持って出迎えてくれた。

まず我々は宿舎として石造りの3階建ての家を借りた。その家は小学校の脇にあり、中は薄暗いが住みやすい家だった。小学校の裏には村議会事務所と簡素な病院があり、

さらにその裏には倉庫がある。そこにはビニールパイプや必要資材がきちんと保管されていた。それらは2カ月前の9月、モンスーンの豪雨の中を隊員と村人が決死の努力で運んだものである。重量約2トン半。ポカラからシーカまで人間の肩にかつがれて4日かかっている。

シーカ村に着いて最初の仕事は生活スケジュールの作成であった。スケジュールを紹介しよう。毎朝7時半、モーニングティーで起こされる。8時朝食。9時半より仕事開始。4時までには仕事終了。7時の夕食までミーティング。夜は自由時間にする。毎土曜日はネパール式に休日とした。

炊事・洗濯その他の生活のための仕事と通訳は、登山活動以来一緒だったシェルパのアヌーと、そのアシスタントとして村の青年ベレン君を雇った。このベレン君もそうだったが、村人は数人を除いて英語をまったく話せない。重要な会議にはシェルパを通訳にした。我々は夜の自由時間を使って、片言のネパール語から勉強しなくてはならなかった。娘たちが我々の良き先生だった。

これで準備は整った。いよいよ計画の開始だ。村人の要請によって、水道工事から始めることにした。乾期だったためか、水に苦労している村人は、水道計画のほうに強いイメージを抱いたようだ。まず我々は、水源地および給水口の場所をどこにすべきか村人の考えを聞きながら討議し、水質が良く、水の涸れない村の上方のジャングルを流れる支流を水源にすることにした。そこから約1000メートルのパイプを敷設し、村唯一の公共施設である小学校まで水を引くことにした。

工事にかかる前に、我々は現地に対する姿勢を確認しておかなければならなかった。シーカ村には村議会がある。この計画に応ずる村人の動員や、工事にまつわる村人の利害関係などについては彼らの決定に従おう。しかし、計画を遂行していくために必要な技術的問題や最終的な決断は我々が行おう。何もかも彼らに任せて、我々はあくまでオブザーバーに徹するというのは一つの理想だが、我々の目的、問題意識がぼやけてしまうことになると恐れたからである。

我々が行う工事は大きな川喜田プランのうちの、一つのテストに過ぎない。しかし最初の一歩である。村人や政府を説得し、理解させるために費やされた努力は、この最初のプロジェクトの成功によって初めて報われる。それゆえ失敗するわけにはいかないのだ。もし水道が流れなかったら、ロープウェイが通らなかったら、どうしよう。

そのときは「夜逃げ」でもしなきゃならないな、と4人は話し合った。半分冗談だが、半分は本気だった。

なにしろ、我々とて水道・無動力ロープウェイ工事については素人だ。日本で多少の勉強をしてきたとはいえ、すべては机上のこと。いざ実地に応用してみて、一発で成功するという保証も自信も実のところなかったのだ。

村人の積極的な協力で順調に進んだ水道工事

村人は村議会の手配によって動員され、連日地区ごとに20～30人が労働奉仕をすることになった。もちろん賃金は出ない。我々より早く現場に着いて待っている人もいれば、家から1時間半も歩いて現場に来なくてはならない人々もいた。また男性はグルカ兵などで外国に出稼ぎに行っている者が多いため、働き手の大部分は女性で、なかには乳飲み子を竹籠に入れて連れてくる女性もいた。

彼らの持参する道具は、鍬(くわ)の子供のような土かき、ククリと呼ばれるネパールの山刀(やまがたな)、それに斧・鉄棒だけだ。いずれもまったく原始的な道具だった。そこで我々は、石材・木材からボロ布に至るまで、使えるすべてを活用しなければならなかった。まな板が製図版、石がコンクリート代わり、竹がパイプというふうに……。

ネパールの山岳民族は極端に貧しく、教育水準も低い。また若者たちは、首府カトマンズや外国に憧れ、村にとどまりたがらない。それゆえ、彼らの村の未来に対するイメージはかなり悲観的である。しかし、物資の輸送の時点から計画に参画してきた村人は非常に活動的であった。特に工事のために選出された二人の村人リーダーは巧みな技術をもち、村人をリードしていった。

その一人チャンドラ・バハドゥールは第二次世界大戦の戦士で日本軍と戦ったというが、今は大の日本びいきだ。川喜田先生の信任が厚い知恵者で、我々は「川喜田二世」と呼んでいた。もう一人の村人リーダーであるカンビール（これが本名！）とともに、夜のミーティングにも参加してもらい、まず彼らの意見を出させてから、最後に我々のコメントを付け加えるという形をとった。これで彼らは大いに自信をもち、村人も彼らの指示によく従った。

村人の活躍のおかげで、我々隊員は力仕事だけをやっていればいいときがしばしばだった。隊員は皆若い山男たちなので、力仕事が性に合っていた。また我々は工事に関してエキスパートでないため、彼らのアイディア、技術を素直に取り入れることができた。誰もがリーダーであり、フォロワーだったのだ。化学専攻の種村はまとめ役であり酒飲みのリーダー。物理専攻の永田は力とファイトのリーダー。自称『土方の親分』だ。土木工学専攻の白砂は技術リーダー。社会工学専攻の私は渉外のリーダーだった。

こうして、我々と村人の共同作業は次々に進んでいった。計画路線の1000分の1の図面をつくる測量は我々がすべてを担当し、大学の実習よりも素晴らしいものができた。しかし、砂防堤や水取り入れ口ダムは、我々の技術的アドバイスだけで村人自身が立派につくり上げた。実際、セメントを使用しない彼らの石加工技術は素晴らしいものだった。パイプ路線の溝掘りは村人が人海戦術でやり、パイプ接合や加工は村人がその技術を習得していった。水路の中間地点にある中間櫓（やぐら）も、村人リーダーのアイディアでセメントを取り寄せて出来上がったものだ。吊り橋形式のパイプ渡川工事は、我々が索道の技術を使って仕上げた。

工事自体は非常にうまく進行していったが、二、三の問題が表面化した。たとえば、畑の所有者の一人が自分の畑にパイプを通すのを嫌ったため、水路の路線変更をしなければならなかった。また路線の近くに家をもつ鼻の大きい有力者が、我々を酒の席に招いて言った。「親愛なるサーブ（旦那）。もしパイプに枝を付けてくだされば、私の周りの人々はとても助かる。そのことは賢明なあなたがたなら分かるはずだ。どうぞよろしく」。そのとき振る舞われた酒は最上のものであったらしい。しかし、それはできない相談だ。そのとき以来、「鼻でか親爺」は我々の嫌いな存在になってしまった。彼の娘はすこぶる美人だったが……。しかしこの公共事業に対し、概ね村人は私利私欲を超えて協力してくれた。

日を追うにつれ水道工事は上部の取り入れ口、中間櫓、1000メートルのパイプライン、給水口の各工事と、次々に終了していった。そして12月16日、待ちに待った通水式だ。当日の正午に水を流すことにして、その準備をすべく隊員は各地点に散っていった。永田は村人とともに上部取り入れ口でダムの排水口を塞ぎ、パイプに水を流す作業。白砂は中間櫓で櫓の仕上げと水の中継。種村は小学校前の給水口の仕上げ。私はトランシーバーで全体の調整という配置である。

昼近くになり、小学校前に晴れ着を着た村人が多数集まり出した頃、ダムの水止めが開始された。トランシーバーを通して、上にいる永田から刻々と様子がアナウンスされてくる。「ただいま水止めを完了。水は着々と貯まり、どんどん水位が上がっていきます。あと取り入れ口まで15センチ……」と、オリンピックの実況中継もどきで名調子だ。色とりどりの花で飾られた給水口から水がほとばしり出るまであと数刻――と思われたとき、突然、トランシーバーに永田の動転した声が飛び込んできた。

「ダム左岸より大きな水もれあり！ 水位はパイプの下15センチより上がらず。ダム中央からも水もれ発生！ どうしようもないぞ、これは……トランシーバーなんかやってられないから一時交信を中断するぞ」

私は頭をガンと強打されたようなショックを感じた。そして底知れぬ虚脱感……。土木工学でいうクイックサンドという現象なのだろうが、水の力にただ圧倒されてしまう。それからが大変だった。激しいトランシーバーでのやりとり。白砂、種村は取り入れ口へ。私は下から物資の手配。通水式を一目見ようと集まってきた村人は、口々に「どうなってるの?」「いつ流れるのだ」などと言っている。その様子を目の前に見ている私は、一人気が気でない。しかし心境とは逆のことを、トランシーバーで言ってしまう。

「通水式のことは気にしないで、本腰を入れてガンバロウ」

村人が待ちくたびれた3時半頃、冷水に腰までつかった永田たちの奮闘で、ようやくダムの応急修理が終わる。今度こそ本当に通水式だ。給水口は色とりどりの花で飾られている。ロキシー（地酒）の瓶も村中から集めて並べられている。それらを取り囲むように、大勢の花飾りを持った男たち。彼らが給水口をじっと見つめ、緊迫したムードになる。

「あ、水だ。すごい！」

どよめきが湧き上がったのを合図に、祭りは開始された。可憐な女性たちによるヒンズー教の儀式。交換される花飾り、ロキシーの回し飲み、歌、踊り……。水をかけ合い喜ぶ村人を見て、我々も真似をせずにはいられなかった。

疲れた身体にロキシーの酔いがまわった。思えば我々の頭のどこかに「水道なんて簡単だ」という考えがあったに違いない。精密な地図もつくったし、ダムも立派に出来上がった。パイプは完全につながっている。水が低きに流れることは分かりきっているから、上から水を落とせば下の蛇口から出てくるのは当然で、できないほうがおかしいんだ、と考えていた。

ところが、いざ水を流してみると思わぬところから水が漏れて、あやうくダムそのものが決壊しそうになった。我々がほんとうに必死になったのは、それからだったと言っていいだろう。

日が沈み、我々は宿舎に戻った。昼間のごたごたで昼食をとるのもすっかり忘れていたが、空腹にもかかわらず食事はうまく喉を通らない。やっと食事を終えて立ち上がろうとしたとき、私はふいに底知れぬ感激に襲われ、そのまま座り込んでしまった。日本での準備から今日までの記憶が頭の中で混乱を起こし、目から涙が止めどもなく流れ出した。

祭りは小学校から我々の宿舎に場所を変え、いつ果てるともなく続く。皆感激と疲労が入り交じった正体の知れぬ状態のまま酒を飲み、みずから踊り続けた。ともかく皆メチャクチャに酔った。とても幸せだった。村人は非常に陽気だった。なかでも娘たちの高い歌声がなぜか印象的であった。

水道工事の成功により、村人は自信をもち、意気はますます上がっていった。無動力ロープウェイ工事の前に開かれた村の全体会議は延々3日間も続いた。索道路線の整地と資材手配の仕事は、250人の村人の活躍で、たった1日で終了してしまったほどだ。しかし活気づく村人とは反対に、我々はさすがに疲労を覚えてきた。

水道工事の通水式は終えたものの、取り入れ口その他の修理工事は、疲れている我々の体には消耗以外の何ものでもなかった。引き続く無動力ロープウェイ工事は、隊員が常に前面に出て仕事をしなくてはならない。そんなとき、大きな石を使用するアンカーづくりで、種村が左手の指に全治1カ月の傷を負ってしまった。肉体的にも精神的にも皆かなり疲労していた。

我々の生活状態は決して悪くなかった。シェルパのアヌーが毎日目新しい献立で我々を喜ばせてくれたし、不足がちな肉や野菜は我々で探したり、村人からのプレゼントでどうにかやっていけた。羽毛服や羽毛の寝袋は冬のヒマラヤ山村の生活でさえも十分すぎた。また、各自のベッドの上でゆったりくつろぐこともできた。

いつしか我々の計画に対する情熱は、単なる仕事をする感覚に変わっていった。毎日の朝食を終えて「さて仕事をする時間か」という言葉が無意識に口から出るようになっていった。そういう自分に気がついたとき、やりきれない虚しさを感じた。

無動力ロープウェイ工事の完成ともう一つの大きな成果

無動力ロープウェイ工事は、上下のアンカーと荷受け台を村人の石加工技術で見事に仕上げることができた。アンカーは大きな石に鉄線を巻き付け、穴に埋めたのである。路線はジャングル地帯の石切り場から500メートル下の街道の上までだが、上部で谷を渡り、中間部で尾根を越えているため、途中、中間支柱を5組立てなくてはならなかった。支柱は近くの広葉樹の大木を切り倒し、4本一組の設計とし、一番力のかかる梁(はり)の部分には丈夫な松の木を使用した。重量が大きいために鉄線でしっかりと補強しなくてはならず、高さ8～11メートルの櫓を立てる大工事は労力と時間、それに岩登り技術を要した。ときには20人の働き手のうち3人だけが男性で、残りが全部女性ということもあったため、仕事がほとんどできない日もあった。

しかしこの難工事も、開始して4週間後の1月20日に終了した。ほっとしたのか、白砂が過労のため倒れてしまった。数日前から多少具合の悪かった彼は40度を超す高熱に食事もとれず、うなされ続けた。工事はあとワイヤーと鉄線を張る作業を残しているだけである。それは3日もあれば十分な仕事だ。苦しむ白砂を気遣いながら、工事は最後の仕上げに移っていった。

無動力ロープウェイの中間支柱工事

24日、いよいよ線張りが終わったので、村人の指導を兼ねて運行テストをした。上部に私、中間部に永田、下部に種村の配置である。このとき我々の脳裏にこびりついていたのは、あの通水式直前の不手際だった。搬器（キャリアー）に荷を載せたとき、「頼む。どうか止まらずに下まで着いてくれ。はずれずに下まで着いてくれ」という祈りにも似た気持ちだったというのが正直なところだ。

この光景を見ようと村人たちが集まってきて、小学生まで先生に連れられて来ている。娘や子供は例の祭りのために花飾りを用意していて、太鼓まで鳴っている。やがてキャリアーは我々の手を離れ、ワイヤーの導きで下方へするすると滑っていった。我々の祈りが伝わってか、キャリアーは次第にスピードを増しながら次々と中間支持器を通過していく。すぐにトランシーバーから「ただ今、荷が着いた。工事成功！」の報が入る。

成功だ！　村人はどっと私の周りを取り囲む。ついにやった！　村人は今までの緊張した顔を急にほころばせた。次々と送り出される荷を見て、「すごいな。速い、速い」と口々に言い合っている。やがて我々は終点の祭りの場へ下りていった。そこで永田、種村と抱き合って喜ぶ。娘たちが我々の前に列をつくって次々と花飾りを着けてくれる。皆ロキシーを飲みながら、太鼓たたきを先頭に歩きはじめた。方向は小学校広場である。太鼓の音に合わせて皆踊りまくる。夢中で踊りながら私は心の中で叫ぶ。「やった。やったぞ！」。昨日までの疲労感は瞬時に吹っ飛んでいた。

道沿いの家を通るたびに、住人が花と酒で我々を歓迎する。歓喜に沸くこの勝利の行進は、小学校の手前でクライマックスに達した。男たちは我々を担ぎ上げ、女たちは道の両側に並んで呼びかける。我々は英雄そのものだった。

村人たちに担がれ歓喜の宴へ

小学校に着いたとき、我々は村人の歓迎に合わせて「どじょうすくい」や「東京音頭」をでたらめに踊りまくった。校舎の中には夕食が用意されていた。その席で村長からネパール帽と感謝状を授かる。「遠い日本から、はるばる我々の村へ来てくれたあなたがたが立派な水道と無動力ロープウェイをつくってくださり、我々はとても幸せである」と書いてある。「日本へ帰っても忘れないでくれ」と言い続ける村人。我々はこのヒマラヤの一山村で生まれた友情に胸が熱くなっていった。

私は心のすべてを口に託して言った。

「皆さん、ありがとう。若い私たちがすぐ涙を流してしまうことを許してください。あなたがたこそ、どうか私たちを忘れないでください。あなたがたと私たちがつくり上げたものは我々の友情のしるしです。私は明日この村を去らねばならないのです……。今、仲間の白砂は病気で寝ています。心配かけてすみません。彼の分まで、ここに用意されている食事を、一生のうちで一番うまいものとして食べます。皆さん、ありがとう」

歌い続ける村人と別れて宿舎に帰ると、白砂がベッドに寂しそうに寝ていた。シェルパの話によると彼は今日の成功を皆で喜び合えなかったため、男泣きに泣いたそうだ。私は病気前の彼の活躍にあらためて感謝した。シーカ・プロジェクトの後、ダウラギリ山に一人で偵察に出かけた種村はぐっすり寝入っている。これから数日間、白砂の看病をする永田は豪快ないびきをかき出した。

そのとき、我々4人が水道や無動力ロープウェイのほかに、もう一つ素晴らしい「仲間」を得たことに私は気がついた。外ではまだ歌声が聞こえる。明日から始まる白砂のヘリコプター救助のことを思いながら、いつしか夢の中へ入っていった。

首都カトマンズに戻った「私たち」をセルチャン氏は心から温かく出迎えてくれた。「私たち」とは、私と当時恋人の奥山雪枝のことだ。雪枝は学生時代にワンダーフォーゲル部に属し、インドとチベットの芸術にも関心を強くもっていたことからネパールに行くことを企てていた。そして私がネパールに出発した後、しばらくして単身でやって来たのだった。カトマンズからヒマラヤの奥地、チベット国境に近いジョムソンという街まで350キロの山道を、シェルパ一人を連れて全行程を徒歩で成し遂げた。当時でも外国人は飛行機を利用していたが、片道2週間以上かかるトレッキングで村人たちと多くの経験をすることができたらしい。

その帰路、シーカ村に来て我々と合流し、工事が終了するまでの2カ月間行動を共にした。そして工事が完了した直後、私とともに白砂救助のヘリコプター手配のためカトマンズに戻ったのだ。

そこでセルチャン氏より思いもかけぬ提案があった。

「私たち部族が住んでいる地域で素晴らしい仕事をしてくださって大変うれしい。心からお祝いの気持ちを込めて二人の結婚式を挙げさせてもらいたい。どうか結婚してくれないか？」

「？？？」雪枝と戸惑いながら顔を見合わせる。

（タダで結婚式できるならするか⁉）

ネパールの伝統的スタイルで挙式

私たちは、日本の両親には電報で知らせただけで結婚式の準備に入った。日取りは高名な祈禱師のサイコロ振りにより決まった。当日はホテルの中庭に祭壇が設けられ、雪枝は真っ赤なサリーと金の装飾、私は顔に塗料で何本もの線を描かれた。伝統的なネパールの楽団に導かれて練り歩いたあと、現地語で誓いの言葉を言う。参列者は日本大使や現地駐在の日本人のみならず、王族や政府の高官もいた。ご祝儀は日本式のようなお金ではなく品物であるため、山のようにいただいてしまった。婚姻届は現地大使館より日本の外務省経由で入籍となったが、これで収まらないのは両親だ。帰国後あらためて披露宴をすることとなった。

シーカ村プロジェクトから学んだこと

長々と私のシーカ村での体験を綴ったが、成果を上げることができたポイントは三つあったと思う。

一つ目は、野外科学的アプローチによる現地ニーズの把握である。すでに述べたように川喜田先生のフィールド調査と現地村人との対話により、現場の生活実態、社会状況等を十分把握していた。そのうえで潜んでいるニーズを引き出し、実現可能なものに絞り込んだ。援助を行う側の上から目線の発想ではなく、現地目線によるボトムアップ方式でアイディアを検討したのだ。

二つ目は、隊員が皆素人だったことだ。我々4人は、工学の基礎的知識はもち合わせていたが、水道・無動力ロープウェイ工事に関してはまったく経験がない。これは、我々自身の仕事を非常に頼りなくさせることだが、反面、これこそが計画を成功に導かせた重要な鍵でもあった。建設期間中に問題が起こると、村人と一緒になって相談しなくてはならず、そのため村人の知識や技術を十分取り入れることができたのだ。

セメントもなく、アンカー用の石が周辺に見当たらなくて困っていると、村人に「地面を掘れば、石はいくらでも出てくる」と言われて愕然としたこともあった。石の加工技術についても、ほぼ全面的に村人を頼らせてもらった。村人の意見に謙虚に耳を傾けたことは、村人に自信をつけさせるとともに、我々と村人が強い信頼関係を築くことにもなった。

三つ目は、村人の全面的な協力体制だ。ネパールの山村は人口過剰ではあるが、多くの男手が外国に出稼ぎに行っているため労働力は非常に不足している。それにもかかわらず、多くの村人が女性を中心に工事に参画してくれたのは、無動力ロープウェイや水道に対する村人の真のニーズがあったからに違いない。村人の協力は当然と言えばそれまでだが、「どうしてもつくり上げたい」という強い意志が読み取れた。

1964年に川喜田先生が村人と無動力ロープウェイ構想を話し合ったときから、村人はずっとこの日を待っていたのだ。そして塩化ビニールパイプをポカラからシーカ村まで苦労して運ぶ間に、村人の計画に対する積極的な主体性が培われていったのだろう。彼らの計画に対する取り組み方は「物好きな日本人が我々の面倒を見てくれるから協力しよう」などという生半可なものではない。「自分のために、村のために我々が動き出さなくてはならないんだ」という使命感が根底にあった。計画に対する村人の主体的な参画が難工事を問題なく終了させ、計画をより発展させることができたのだと私は思う。

これら三つのポイントを体験できたことは、後にトヨタで事業形態が未整備な新興国を相手に仕事をするうえでの基本原則として、私の大きな財産となった。**野外科学的アプローチによる現地状況の把握、謙虚に現地の声を聞き目線を合わせる、パートナーとの信頼関係の構築、現地側と利害を共有しうるインサイダー化**、等々、私はヒマラヤの山村に援助した以上のことを彼らから学ぶことができた。

第6章 パイオニアワークの扉を開く方法

10年後、あなたは何を失い、何を得ているだろうか？

40年以上にわたって、私が取り組んできたトヨタの海外事業奮闘物語もそろそろ終わりに近づいている。本書の最後にあたるこの章では、そもそもパイオニアワークとは何かについて、私の考えを述べてみたい。

読者の皆さんは、自身の10年後を考えてみたことがあるだろうか？「ある」と答える人が多いのではないかと推察する。では、「いま」と比べて10年後に「何を得て、何を失っているか」について考えたことはあるだろうか？多くの人はそこまで現在と10年後を対比して想像してはいないのではないだろうか。

「いま」と「10年後」を比べると、いろいろなことが見えてくる。生活、収入、能力、健康、家族、社会、夢……。想像するうちに、いまの自分の身の丈も見えてくる。たとえば、仕事人としてまだ半人前なのか、リーダーとして任される存在なのか。たとえば、政治や経済について自分の意見をもてているのか、いないのか。そういったことだ。この思索を通じて、自分のいまの姿が客観視でき、10年後にどうなっていたいかが見えてくるだろう。

なかでも特に私が大切だと思うのは、社会的な役割の比較だ。現在20代なら、10年後は組織の中で役職が上がり、部下をもっているかもしれない。あるいは、結婚し、家族をもつかもしれない。現在学生なら、10年後は社会に出て仕事人になり、国民として税金を納めているだろう。そのようにして、社会の中に足場を得るようになっているはずだ。たとえ組織に入らず、家族をもたなかったとしても、社会は20歳の人間と30歳の人間を同等には扱わない。

社会の中で役割を得るということは、翻って言えば、10年後、あなたは確実にいまよりも責任が重くなっているということだ。それに比べるといまはその分、責任が軽い。背負うものが少ない。本書の読者がまだ学生だとしたらなおさらだ。学生は社会的責任が免除されている存在だ。もちろん他人に迷惑をかけるようなことは論外だが、若いということは無責任が許されるということなのだ。

何をしてもいい。自由。それが若さの特権だ。だったら好きなことをしない手はない。私は**パイオニアワークの扉を開く鍵は「好き」に身を投じることにあると思っている。**

興味のあること、好きなことを見つけよう。いま、夢中になれるものがないという人は、とにかく外に出て、人と交わってみよう。新しいことに出会ってみよう。少しでも興味があることを手掛かりに、一歩踏み込んでみよう。自分の感性を信じて自分の興味に賭けてみるのだ。そのうちに「興味」から「好き」や「夢中」に昇格するものが出てくるはずだ。

好きなものに出会えたら、あとは楽勝だ。人は好きなことのためには努力できる。踏ん張りがきく。自分の能力や頭脳を惜しみなく使える。結果、どんどん吸収し、学んでいくので実力がついてくる。集中力も備わってくる。視野も広がっていく。そんなあなたを周りが放っておくはずがない。あなたのもとにオファーが舞い込むようになる。あなたに力を貸してほしいという人や、あなたを待つフィールドが現れる。そう、**あなたは必要とされる人間になっていくのだ。**オファーに応えるたびにあなたは、能力、情熱、人間力が試される。全力で取り組むうちに、あなたはますます力をつけ、自分の世界がどんどん広がっていく。いつの間にかあなたは道を切り拓く人になる。

これが、パイオニアワークだ。

パイオニアワークは、独りよがりに道をつくることではない。**自分が情熱を感じることとそんなあなたを求めるフィールドが出会い、交差するところにこそ、パイオニアワークは生まれるのだ。**私はたまたまトヨタの新興国事業がそのフィールドだったが、別にどこだって何だってかまわない。あなたにはあなたにふさわしい場所がきっとある。

問題は、強い思いと集中力で解決できる

パイオニアワークをなすためには、さまざまな問題を解決していかなければならない。

登山家・三浦雄一郎氏のお嬢さん、恵美里氏が訳した本に『七つの最高峰』（文藝春秋）という、二人の男が世界7大陸の最高峰に挑んだ足跡を記録した本がある。

さまざまな困難に直面する二人の姿が描かれる中で「問題解決に本当に必要なのは『問題を解決したい』という気持ちだ。体力も知識も頭脳も必要だが、問題を解決したいという意志こそがもっとも重要だ」という趣旨の一文が出てくる。まさにその通りだと思う。いくら勉強しても、いくら本を読んでも、この問題を解決したい、自分はこうなりたい、という強い思いがなければ、何ごとも成し遂げることはできない。

そういった強い思いを育むのが、物事への好奇心と自分が「好きだ」と思うことに取り組む経験だ。人は「好き」に取り組む経験を通じて人生を切り拓くガッツを手に入れるのだ。

大きな夢なんて描く必要はない。小さなことでかまわないから、関わってほしい、自分から動いてほしい。一番もったいないのは、「別に〜」という受け身な態度だ。「かったるい」と言って「いま」を粗末にすることだ。そんなことをしていると10年後、得るものがないままに、時間だけを空費してしまった自分を悔やむことになるだろう。

「いま」と「10年後」の対比で万人に共通することがもう一つある。それは10年後、あなたの人生の時間が確実に10年分減っているということだ。だからこそ、「いま」が大切なのだ。スマホで検索して分かったような気になるのではなく、身体（からだ）を使って、手足を動かして、社会に、いや世界に、関わってほしい。それが生身を使って現場で学ぶ「野外科学」の真髄であり、パイオニアワークに至る切符だと私は思う。

地平線に夢を求めて

パイオニアワークというと、前人未到の探検のように大変なことに取り組むという印象が強い。１００年前に南極点を踏破したスコット、60年前のエベレスト登頂のヒラリー、50年前のＮＡＳＡによる月面着陸、そして近年ではフェイスブックをはじめとするＩＴシステムの開発などだ。しかし、私は歴史に残る輝かしいものだけがパイオニアワークではないと思う。私たち一般庶民レベルでも、**いまだ自分自身が経験したことのない目標や課題に向かって挑戦することすべてが、パイオニアワークのはずだ。**

サラリーマンは日々のルーティンワークに追われ、家庭の主婦は毎日の家事に追われ、パイオニアワークなど自分の世界に存在し得ないと思うかもしれない。しかし、毎日の夕食の買物に行くときも、いつもの街角を曲がった先に今日は何があるだろうかと思うだけで、街の景色が活き活きと見えてくるものだ。誰も手をつけたことがない仕事やマニュアルにはない問題への取り組みはもちろんのこと、恋人を口説き落とすようなことまで、結果が分からないことに挑戦することすべてがパイオニアワークと言える。一期一会の精神で物事に対処すれば、一見平凡に生きている毎日がパイオニアワークで満たされるだろう。

チャンスは誰にでも巡ってくるとよく言われる。ただし、降って湧いたチャンスということはめったにない。大切なのは、**目標に向かって行動を起こす状況を自分で探り出すこと。**志や問題意識を継続的にもっていないと、チャンスをチャンスとして認識できないのだ。一流のアスリートでも一足飛びにオリンピック選手になることはない。オリンピックに出場する夢はもっていたとしても、スポーツを始めた頃は目の前の低いレベルの目標に向けて一所懸命にトレーニングをしたはずだ。その地道な積み重ねにより、自分自身をより高いレベルに鍛え上げ、その結果としてオリンピック出場という目標が具体性を帯びて見えてくるのだと思う。

私も中学時代に八ヶ岳をはじめ近郊の山登りをしていたが、最初はハイキングに毛の生えたようなものだった。本格的なロッククライミングや冬山登山をするとは思ってもいなかった。それが、初歩的な沢登りや岩登りの経験を積むにつれて、より困難な登山に挑戦したいという気持ちが強まりトレーニングに励んだ。その結果、ヒマラヤにまで行けるようになったのだ。

パイオニアワークは他人が評価すべきものではない。自分の前に道はないが、振り返ると自分のつくった軌跡が個人ベースではその人の人生になり、社会全体から見れば歴史となって時代を刻んでいく。**パイオニアワークとは、己自身への挑戦なのだ。**

「問題解決」が私を世界に駆り立てた

新興国担当として世界中に赴(おもむ)くことができた私は大変恵まれていた。たしかに自分の非力さを痛感したり、大組織ならではの軋轢に悩んだことも一度や二度ではない。追い風だけの仕事人生ではなかった。しかし、私にとって仕事はやはり最高に情熱を傾けられる対象だった。初めての国を訪問することは、いつも私の好奇心をかきたてた。その国の概要を事前にインプットして、現地に着くとできる限り地元の人と会い、現地料理を食べ、時間を見つけては博物館巡りや物産品を見て回った。現地パートナーの自宅にお邪魔し、おいしい料理とお酒をいただきながら夜がふけるまでワイワイと語り合ったものだった。

アジア、アフリカ、中南米など担当地域が広かったために、二度目以降の訪問は、現地での特別なイベントや面倒な問題が起こった場合に限るようにしていた。親しい現地パートナーからは再三にわたり出張してきてほしいというラブコールがあったが、私は「何か問題を起こしてくだされば行きますよ」と冗談で返答した。

しかし、現実には各国で問題事は常に起こっていた。大きな問題はすでに事例を紹介したが、こまごまとしたこともたくさんあった。そんなときの私の問題解決の基本姿勢は、まず白紙に戻って情報収集することだ。できる限り多く、関係者と直接会って状況を把握するよう努める。その結果を踏まえて、問題解決となりそうなストーリーを合理的なセンスでつくり上げる。そして、それを実行するときに障害となりそうな事項を拾い上げ、関係者間の問題の共有化や話し合いなどのアクションを行うのだ。すべてをスムーズに問題解決できたわけではないが、**関係者が同じテーブルにつけるような段取りができれば、問題解決の山場は越えているものだ。**

このときに心がけるべき重要なことは、常に明るく前向きに、利他の精神を貫くことである。「愛とロマン」、それが私のモットーだ。

サラリーマンこそ「愛とロマン」

いきなり「愛とロマン」という言葉が出てきたので読者諸兄は面食らったかもしれないが、私はサラリーマンこそ「愛とロマン」が大切だと思っている。

愛と恋とは似た言葉で、何かを好きになるという点では共通している。しかし中身はまったく異なるものだ。たとえば、種が芽を出すためには、空気と温度と水という発芽の三要素が必要不可欠だ。この三要素が整えば、その種の意志に関係なく自動的に芽が出る。我々動物も生まれ落ちた瞬間から次第に成長し、ある程度の年齢に達すれば自然と誰かを好きになる。恋はこのような自然の原理で生まれるものと同じようなものである。

一方、生まれて芽を出した植物を、私が疲れていても水をやり世話をして成長させ、一輪の花を咲かせたとしよう。私は大いに喜び友人を呼んで見せびらかす。しかし、友人は内心「別にどうっていうことないよ。花屋の花のほうがよっぽど立派で美しい」と思うかもしれない。だが、私にとっては自分で育て上げた世界に一つしかない花なのだ。その花は自然の原理だけではなく、愛情を注がれた結果咲くことができた、私の愛の形なのだ。このような意味で、恋は自然に生まれても、愛は人の努力がない限り手に入らないものだと思う。

ロマンチストとセンチメンタリストも、夢があるという点では共通している言葉だ。しかし、これも中身がまったく異なる。面白い映画を観たとしよう、その内容に感激して大いに夢が膨らんだとしても、センチメンタリストは映画館を出た瞬間に現実の世界に戻り、先ほど心に抱いた夢のイメージとは関係なく普段の生活を続ける。しかし、ロマンチストは現実の世界の中で、その夢に向けて行動する。結果的に夢が叶うか否かが問題なのではなく、夢に向け努力し、汗を流す姿を見て、人はロマンチストと言うのだ。ロマンチストはある意味で泥臭い現実主義者的な行動派なのだ。

ところで、一般にサラリーマンというものは自分で自分の立場や担当の仕事を決めることはできない。そのために自分の主体性を発揮することが難しく、夢ももちにくい。しかし、自分を役者として捉えればどうだろう。与えられた役をいかにうまくこなすかによって次の役が回ってくる。**主役でなくとも、脇役でも悪役でも、精一杯役をこなすことによって、監督（上司）の信頼を得、観衆（社会）の喝采を浴びることができる。**そう考えればこんなに面白い人生はないではないか。与えられた役に不平不満を言っているようでは、良い役は回ってこない。いや、人生がもったいない。であれば、最高の芝居を披露するために「愛とロマン」を演じようではないか。

サラリーマンとして苦しいとき、迷ったとき、「愛とロマン」という考え方は私を前向きな気持ちにさせてくれた。「愛とロマン」を胸に組織の中で与えられた役を存分に演じてきたトヨタでの歳月は、私の人生そのものだったと思う。

おわりに

我が人生省(かえり)みれば悔いはなく万華鏡なる友と友、友

この項の副題につけた一文は、私がトヨタ自動車を退職する際の挨拶文に用いたものだ。自分自身を鍛えるための考え方を母校・東京工業大学の川喜田二郎先生とトヨタ自動車の上司だった横井明さんから学び、それに基づいて今日まで仕事、そして人生を歩んできた。多くの友人と交わり、恵まれ充実した半世紀だった。

川喜田先生は現場に身を置き、その声を聞く。多様な事象を組み合わせ、統合することは想像力が湧き、生きがいを感じる。一方、物事を上から目線で決めつけ、既存のパターンに分類すること、そして縦割りの管理社会がはびこることに強く警鐘を鳴らしていた。

今どき、若者に「民主主義とは?」と尋ねると即座に「多数決で決めることです」と返事が来る。よく考えるとこれは大変恐ろしいことである。この世の中で右とか左

とか明確に選べることは少ない。私の子供時代、町内の寄合でいろいろ話し合いがあり、意見がまとまらないときは長老に意見を仰ぎ、事が決められた。これは皆がお互いの状況をよく理解しており、分裂を避けるための農耕社会特有の合意形成の知恵だろう。それが時代の進展とともに社会が拡大し時間は限られている現代、関係者の相互理解のステップは軽視され、ディベートばかりに注力し賛否を問うている。これでは統合・コンセンサスというより社会をグループ化し、分裂を意識的に誘うことになる。このような視点からも、ニーズを把握する野外科学と合意形成としてのＫＪ法の重要性を強く認識する次第である。

人文地理学から高名な文化人類学者となった川喜田先生は、探査した地域の人、社会、環境をこよなく愛した。現地との触れ合いはその都度発見と感動の連続だったようだ。私もスケールこそ違うが、生まれ育った東京郊外の多摩川の自然は今でも鮮明に覚えている。当時はほとんど太古からの様相を残していた多摩川もわずか20～30年で一変し、今は見る影もない。昨今環境問題は最重要課題の一つとして、各方面で盛んに活動が行われている。きめ細かい規制、ルールづくりがなされ、その啓蒙活動や教育も定着してきている。しかし、私の頃に比べ今の子供たちは気の毒に思う。ルールの教育ばかりが先行し、自然環境に対する感動の経験が極めて少ないのだ。自然の美しさへの感動と怖さを体験することにより、環境の大切さを実感し、ルールを前向きに受け入れることができる。過保護に育ててひ弱な子供に育てることは誰も望んではいないが、現実の世の中はどうも望む方向には行かず、何もしない「事なかれ主義」が主流となっているようだ。私は登山も含め、親から見たら危険なこともしてきたが、それらの体験から多くのことを学ばせてもらった。それが明日への活力になっていた。

横井さんは誰からも愛される人間味あふれる人物だった。役員室からはいつも大きな笑い声が聞こえていたし、頭の痛い問題をもち込んでも役員室から出てくるときは救われた明るい気持ちになったものだ。横井さんの入社当時は小規模な海外事業がスタートしたばかりで、あらゆる面でパイオニアワークだった。登山や探検と同様に、仕事もその苦労や達成感は部外者には共有できない。一緒に行動した者だけの財産のようなものである。パイオニアである先人の足取りは、それをたどる次世代の人間にとっては非効率でお粗末なものに思えるかもしれないが、最初に道をつくったこと自体に歴史的意味がある。

トヨタ時代の「恩師」横井さんとクウェートの魚市場にて

横井さんは当時一緒に仕事をした人々を、社内外を問わず戦友のように大切にした。そして多くの実体験を理論的に組み立て、経験値として身につけたリーダーだった。本書で取り上げた事例も横井さんと役員室で議論しただけでなく、多くの場合、お酒を飲みながら雑談の中で感じ取ったものを実践しながら築いたものだ。

また横井さんは人の面倒見が飛びぬけてよく、各人の人格を尊重して血の通った采配をした。これはアジアで仕事をしてきた先輩たちのDNAにも宿っていて、良い意味での親分子分という相互扶助の人間関係が続いている。横井さんは不思議なことに仕事以外でも多くの点で私と共通のものがあり、ゴルフ、マージャンに釣りなどたくさんのエピソードがある。笑い声が大きく、仲間との話はいつまでも続けるのに風呂はすぐに出る。麺類が大好きで納豆は大嫌いなことまで同じだった。

そんな横井さんも癌には勝てなかった。癌が発見されて2年目の年末に二人だけで食事をしたいと誘われた。外見はまったくやつれていない横井さんは「風邪をひいたらしいから食欲がない。お前は気にせず好きなものをたらふく食べろ」と言って好きな焼酎を一杯飲んだ。その直後入院して帰らぬ人となった。あのとき、私は最後の外食になるとはまったく思っていなかったが、本人は覚悟していたのだろう。正常な精神状態の中で自分の人生を閉じるそのときに、横井さんは何も私に伝えてくれなかった。仕事のことも、人生のことも。

豊田自動織機の現役会長としての社葬で、横井さんの上司であり友人でもあった奥田碩・元トヨタ自動車会長（元経団連会長）の弔辞など、一連の葬儀は無事終了した。その後、ご遺族と相談し、横井さんの第二の母国インドネシアに散骨することになった。横井さんも私も友人付き合いしている間柄のインドネシア副大統領に事情を説明し、現地の手配を整えて、横井夫人とご長男の三人でスラウェシ（セレベス）島沖の海で散骨した。熱帯の空の下、ライトブルーの海と白い砂浜を今もはっきり覚えている。

この二人の恩師への感謝の念は、どれだけ言葉を尽くしても言い表すことはできない。また、50年にわたり私のような変わり者を支えてくれた多くの友人に対しても、うまく表現できないが感謝の気持ちでいっぱいである。

仕事一筋でガムシャラに走ってきたため家族にも大きな迷惑をかけてきた。ヒマラヤで結婚し、無一文で社会人になったために、家内には苦労のかけっぱなしだった。トヨタの初任給が手取りで4万2000円。風呂なしの木造1DKのアパートで新婚生活を始めた。会社の規則で入社3年が経たないと家族寮に入れず、当然独身寮にも入れない。エアコンもビデオさえもなく、レジャーも社員寮に年1~2回行くだけ。残業代がないと生活できないため、毎日深夜の帰宅。玄関入り口の靴をどかして、家内が湯沸かし器からポリバケツで2~3杯お湯を掛けてくれるのが平日のお風呂。長男がすぐに生まれたので家内はもっと大変な日常を送っていた。食費を切り詰めるうえで、『食べられる野草』という図鑑にはとてもお世話になった。最低限の生活をしていた我が家は、労働組合の生活実態調査には必ずアンケートを提出するよう毎年圧力をかけられた。

さらに入社して3年目に重い肋膜炎、翌年には結核を患い、私は社会人としての将来に希望を失っていた。しかし、家内は次男も生まれ一層大変になったのに、どうにか家庭を切り盛りしてくれた。思い起こせば、家内は嫁・姑問題は別として、貧乏であることに不満一つ言わなかった。お互いに若いときだったので貧乏による苦労という自覚がなく、日々生きることに精一杯だった。今や本人に直接言うのもわざとらしいので、この場を借りて雪枝に心から感謝していると伝えたい。

本書を出版するように幾度となく説得し、私を支えてくれた都立国立高校山岳部時代の岳友・錦光山和雄君と開拓社の武村哲司社長、原稿へのアドバイスをいただいたスターダイバーの米津香保里さんには心からお礼申し上げたい。お蔭様で脱稿した今、これまでの私の仕事に区切りがつきすがすがしい気持ちになることができた。

最後に、川喜田先生が亡くなられた際に私が述べた弔辞をもって筆をおくことを許してほしい。

「……私は東京工業大学時代、先生のご指導を受け、野外活動の考え方、移動大学の設立、ネパール技術協力の実践など多くの経験をさせてもらいました。

私は先生にネパール援助の件は全面的に任せていただきました。そのとき先生は、ネパールを何も知らない我々東工大山岳部がやることに内心では大変心配されていたことを後で知り、我々若者に１００％以上の能力を発揮させてくれる教育者としての川喜田二郎先生に強い感銘を受けたものでありました。

多民族が入り混じったヒマラヤ山村で数カ月生活する中で先生がいつも我々に言われていたこと、すなわち物事は多数決ですべてが決まるのではなく少数意見をいかに尊重しながら社会形成をすべきか、それぞれ異なった者同士をいかに融和統合させるかという、現代社会にとっての重要テーマのヒントが、貧しいヒマラヤの山村生活の中にあったように感じました。

異文化が尊重される人間社会を目指し、異質の統合をチームワークの手本とし、人を信じて任せるリーダーシップを信条とし、おおらかな人類愛にロマンを求めて地平線を開拓してきた人生。

川喜田先生、我が恩師。人間として素晴らしい生き方を手ほどきいただき、誠にありがとうございました」

August 24, 2009, New Delhi, India

装幀　石間　淳
本文デザイン・DTP　上野秀司
編集・制作　株式会社スターダイバー
写真クレジット　カバー●AFP＝時事　P.48●写真提供：トヨタ博物館　P.212●Mail Today/ゲッティ イメージズ

著者：**岡部 聰**（おかべ・あきら）

1947年東京都生まれ。1966年東京工業大学工学部入学。「KJ法」の考案者、川喜田二郎教授に師事。1969年川喜田教授と「移動大学」を創立。1970年東京工業大学のヒマラヤ遠征隊としてネパールヒマラヤ・アンナプルナ南峰を試登後、現地の山村シーカ村にて簡易水道と無動力ロープウェイを建設。1971年トヨタ自動車販売株式会社（現トヨタ自動車株式会社）入社。海外市場調査を担当。以後一貫して新興国でのビジネス展開に携わる。2001年取締役。2005年専務取締役、アフリカ・中南米を含む新興国全体を担当。2012年取締役退任、エグゼクティブアドバイザーに就任。2012年東海東京証券株式会社取締役副会長。現在、東海東京フィナンシャル・ホールディングス株式会社顧問、川崎汽船株式会社社外取締役。

世界でトヨタを売ってきた。

2016年8月20日　初版第1刷発行

著　者　岡部 聰
発 行 者　武村哲司
発 行 所　株式会社開拓社
〒113-0023　東京都文京区向丘1-5-2
電話　03-5842-8900（代表）
振替　00160-8-39587
http://www.kaitakusha.co.jp

印刷・製本　株式会社シナノパブリッシング

ISBN 978-4-7589-7016-7　C0034